ENGENHARIAS E INOVAÇÃO EM PERSPECTIVAS

2ª Edição

- ORGANIZADORES –
Claudio André
Jorge Costa Silva Filho
Roger Borges
Alexandre César Rodrigues da Silva
Adriana Saito

André, Claudio Fernando.
Engenharias e Inovação em Perspectivas
Cláudio Fernando André, Jorge Costa Silva Filho, Roger Borges, Alexandre César Rodrigues da Silva e Adriana Saito (org).
2ª .ed. São Paulo:
Amazon.com, 2024.

ISBN 9798335221887
ASIN: B0DCQ2B75K

1. Engenharia. 2. Inovação. 3. Educação

Sumário

PRÓLOGO

Vivemos em um mundo em constante transformação, impulsionado pelos avanços científicos e tecnológicos que moldam praticamente todos os aspectos de nossas vidas. No centro dessa revolução, encontram-se as engenharias, com seu papel fundamental na criação, aprimoramento e aplicação de conhecimentos e soluções inovadoras para os desafios complexos que enfrentamos como sociedade.

Das grandes obras de infraestrutura aos dispositivos eletrônicos que cabem na palma da mão, das fontes de energia renováveis aos sistemas de inteligência artificial, as engenharias estão presentes em toda parte, transformando ideias em realidade e impulsionando o progresso humano. No entanto, em um contexto de rápidas mudanças e crescentes demandas sociais, ambientais e econômicas, a inovação se torna um imperativo estratégico para a engenharia do século XXI.

Mais do que simplesmente criar novos produtos ou processos, a inovação na engenharia envolve uma mudança de mentalidade e abordagem, que valoriza acriatividade, a interdisciplinaridade, a colaboração e o pensamento sistêmico. Inovar significa romper com paradigmas estabelecidos, questionar suposições e abraçar a experimentação e o aprendizado contínuo, sempre com o objetivo de gerar valor e impacto positivo para a sociedade.

Neste livro, exploramos as múltiplas facetas da inovação nas engenharias, desde os fundamentos teóricos e metodológicos até as aplicações práticas em diferentes setores e áreas do conhecimento. Reunimos contribuições de pesquisadores, profissionais e empreendedores de diversas especialidades, que compartilham suas experiências, insights e visões sobre o futuro da engenharia e da inovação.

Dos avanços na engenharia de materiais e nanotecnologia às inovações na engenharia de software e sistemas embarcados, das soluções de mobilidade urbana sustentável às aplicações da engenharia biomédica na saúde, este livro oferece um panorama abrangente e instigante sobre o estado da arte e as tendências da inovação nas engenharias.

Mais do que um simples compêndio de casos e técnicas, buscamos fomentar uma reflexão crítica sobre o papel das engenharias na construção de um futuro mais sustentável, inclusivo e próspero para todos. Afinal, a inovação não é um fim em si mesma, mas um meio poderoso para enfrentar os grandes desafios do nosso tempo, como as mudanças climáticas, a desigualdade social, a segurança alimentar e a transformação digital.

Convidamos você a embarcar nessa jornada de descoberta e aprendizado sobre as engenharias e a inovação, suas possibilidades, desafios e perspectivas. Esperamos que este livro possa contribuir para ampliar sua compreensão desse campo fascinante e dinâmico, e inspirar novas ideias, projetos e colaborações que impulsionem a inovação e o impacto positivo das engenharias em nossa sociedade.

Boa leitura!

Prof. Dr. Claudio André

PREFÁCIO

Inovação é uma arte que deve ser coordenada com a sociedade, a tecnologia e o meio ambiente. Em todas as esferas, a inovação é refletida no veloz avanço tecnológico que nos desperta a um novo mundo diariamente, com novas perspectivas, aprendizagens e uma grande porção de oportunidades. O presente livro traz ao leitor um poco de toda essa densa evolução de informações de uma forma leve, oferecendo "pílulas" de ciência em cada capítulo, revelando os aspectos da tecnologia aplicada a diferentes áreas, bem como benefícios, valores, necessidades, ética, limitações momentâneas e zelo pelo bem-estar da humanidade.

As páginas seguintes refletem o trabalho árduo e constante de pesquisadores para garantir soluções para os desafios que são diariamente impostos à sociedade, diariamente solucionados e diariamente evoluídos e transformados em novos desafios. É um ciclo rico e belo, uma busca incessante pelo bem social, ambiental, econômico e cultural, onde a tecnologia e a inovação são as engrenagens principais desse sistema.

Boa leitura (e será)!

Dra. Eloana P. R. de Oliveira

APRESENTAÇÃO

No limiar de um mundo em constante transformação, onde a ciência, a tecnologia e a engenharia desvendam novos horizontes a cada dia e se propõem a superar os desafios do século XXI, este livro se propõe a guiar o leitor por uma jornada fascinante através de nove capítulos que exploram temas inovadores e relevantes para o nosso tempo. Este livro é um convite ao leitor para explorar temas interdisciplinares e usar os exemplos tratados no livro como fonte de inspiração para um pensamento mais crítico, bem como fagulha para uma explosão de novas ideais e estudos que possam surgir a partir destes exemplos.

Atualmente, a humanidade se depara com um turbilhão de desafios interligados que exigem soluções inovadoras e colaboração global. O avanço científico, impulsionado por um ritmo acelerado, abre portas para descobertas e inovações sem precedentes, mas também apresenta dilemas éticos e sociais que precisam ser cuidadosamente ponderados. Um dos maiores desafios da atualidade é garantir o acesso à energia sustentável para todos. A dependência de combustíveis fósseis
coloca em risco o meio ambiente e a saúde humana, exigindo a transição urgente para fontes de energia renováveis como solar, eólica e hidrelétrica. Investir em pesquisa e

desenvolvimento, além de políticas públicas eficazes, são cruciais para alcançar esse objetivo.

O meio ambiente também clama por atenção. As mudanças climáticas, a poluição e a perda de biodiversidade são ameaças reais que exigem ações imediatas. É necessário repensar nosso modelo de produção e consumo, adotando práticas mais sustentáveis e respeitosas com o planeta. A preservação dos recursos naturais e a busca por um desenvolvimento sustentável são essenciais para garantir um futuro promissor para as próximas gerações.

No campo da saúde, os avanços científicos trazem novas possibilidades de tratamento e cura, mas também apresentam desafios como o envelhecimento da população, doenças crônicas e o acesso universal à saúde de qualidade. É preciso investir em pesquisa e desenvolvimento de novas tecnologias, além de garantir que os benefícios da ciência cheguem a todos os indivíduos, independentemente de sua condição socioeconômica.

A ética se torna cada vez mais relevante na era da inteligência artificial, da biotecnologia e da edição genética. É fundamental estabelecer marcos éticos claros para o uso dessas tecnologias, garantindo que elas sejam utilizadas para o bem da humanidade e não causem danos ou discriminação. O debate público e a participação da sociedade civil são essenciais para construir um futuro ético e responsável.

Em suma, os desafios do século XXI são complexos e interligados, exigindo soluções multifacetadas e inovadoras. A ciência e a tecnologia, aliadas à ética e à responsabilidade social, podem ser ferramentas poderosas para construir um futuro mais próspero, sustentável e justo para todos.

Considerando estes aspectos, este livro foi organizado em três grandes áreas que permeiam a engenharia: (i) automação; (ii) meio ambiente; (iii) e ciência dos materiais. A automação é retratada nos Capítulos 3 e 4, enquanto meio ambiente nos Capítulos de 5 à 7 e, por fim, ciência dos materiais nos Capítulos de 8 à 10. O primeiro e o segundo capítulos são um convite à uma reflexão que transpassa entre a ética e os avanços científicos, a qual é uma ponderação que deve embasar
todos os desenvolvimentos científicos e tecnológicos e, portanto, foi inserida no início do livro devido à sua devida importância

Em nosso primeiro capítulo, ""Mentes Diferentes, Resultados Extraordinários: O Papel da Diversidade Cognitiva na Inovação", tratamos a importância da diversidade cognitiva na inovação, parâmetro o qual é muitas vezes não levado em consideração em métricas de diversidade, porém essencial para fomentar inovações disruptivas e cada vez, mas interdisciplinares. Já no segundo capítulo, intitulado "Inovação Consciente: Uma Reflexão sobre Ética Animal para Avanços

Científicos Sustentáveis", mergulhamos em um debate crucial sobre os limites éticos da experimentação animal na pesquisa científica. Abordamos alternativas promissoras, como a bioimpressão 3D, que podem impulsionar o progresso científico sem comprometer o bem-estar animal. Uma discussão rica e que poderá trazer impactos muito positivos nas áreas da descoberta de doenças, desenvolvimento de novos fármacos e terapias, compressão de biologia de sistemas, dentre outros temas das ciências da vida.

Nos capítulos associados à automação, este livro traz uma discussão bastante interessante na interface entre engenharia e ciências humanas. No terceiro capítulo, "Aprendizagem Baseada em Problema no Ensino Superior: Relato de Experiência com Automação e Robótica", embarcamos em uma experiência inovadora que utiliza projetos de automação e robótica para aprimorar o ensino de engenharia. Essa metodologia ativa coloca os alunos no centro do processo de aprendizado, estimulando o interesse pela ciência e pela pesquisa. Avançando para o quarto capítulo, "Gestão de Processos Automatizados: Aplicação de Metodologias de Processos Ágeis", exploramos como a união de metodologias ágeis e automação de processos pode revolucionar a gestão de recursos humanos em organizações. Por intermédio do estudo de caso da automatização do agendamento de bancas de TCC, demonstramos os benefícios práticos dessa abordagem.

Em relação aos capítulos relacionados à meio ambiente, a interdisciplinaridade se apresenta na relação entre o meio ambiente e ambientes profissionais e domésticos. Desta forma, correlacionando o ambiente que estamos presentes com a qualidade do ar e da água e como estes aspectos podem afetar nossa saúde. No quinto capítulo, "Sistema de Monitoramento da Qualidade do Ar em Ambientes Internos Implementado em Nuvem Microsoft Azure", apresentamos uma solução inovadora para monitorar a qualidade do ar em ambientes internos utilizando serviços em nuvem. Essa tecnologia permite a coleta, visualização e armazenamento de dados de forma eficiente e acessível. Em "Estudo da Qualidade do Ar nas Salas de Aula pela Análise de Partículas Suspensas", investigamos os efeitos do giz e da tinta na qualidade do ar em salas de aula. Através de análises detalhadas, buscamos identificar qual material apresenta menor impacto na saúde dos alunos e professores. Nosso sétimo capítulo, "Uso de Variância de Extensão na Amostragem dos Parâmetros de Qualidade de Água de Torneira Residencial", propõe uma nova metodologia para determinar a frequência ideal de amostragem da qualidade da água de torneira residencial. A técnica de variância de extensão garante maior precisão e confiabilidade nos resultados.

Por fim, mas não menos importante, nos capítulos relacionados à ciência dos materiais a interdisciplinaridade ocorre com tópicos sensíveis à nossa sociedade, como energia e saúde. Em "Papel dos Ímãs de Terras Raras na Indústria Brasileira", exploramos o potencial do Brasil como grande detentor de reservas de terras raras e sua importância para o desenvolvimento de tecnologias inovadoras, como energias renováveis. Discutimos os desafios e oportunidades para a criação de uma cadeia produtiva nacional nesse setor estratégico.

No capítulo "Crescimento e Caracterização de Filmes Finos de Óxido de Estanho por Síntese Hidrotermal", aprofundamos nosso conhecimento sobre a síntese e caracterização de filmes finos de óxido de estanho, materiais essenciais para diversas aplicações tecnológicas, tais como células solares. A síntese hidrotermal assistida por micro-ondas se destaca como uma técnica promissora para a produção desses filmes de forma rápida e eficiente. Finalmente, em "Estudo de Viabilidade de Materiais de Engenharia: Caso Zircônia como Biomaterial", analisamos o potencial da zircônia como biomaterial para aplicações médicas e odontológicas. Exploramos as propriedades e características desse material, além dos desafios para sua implementação no mercado.

Ao longo desta jornada, convidamos o leitor a refletir sobre os impactos da ciência e da tecnologia na sociedade, buscando sempre um futuro mais sustentável, ético e próspero para todos.

Prof. Dr. Roger Borges da Faculdade Israelita de Ciências da Saúde Albert Einstein e Sócio Fundador da BrasNano - Soluções em Nanotecnologia.

CAPÍTULO 1 | MENTES DIFERENTES, RESULTADOS EXTRAORDINÁRIOS: O PAPEL DA DIVERSIDADE COGNITIVA NA INOVAÇÃO

Diego Oliveira Goes

RESUMO

Este capítulo propõe uma investigação acerca de um potencial interação entre diversidade cognitiva e o desempenho de equipes de inovação, em um cenário marcado pela crescente automação e avanços tecnológicos que estão remodelando o mercado de trabalho. Nesse contexto, onde a automação e o uso intensivo de tecnologias como a inteligência artificial estão transformando as dinâmicas laborais, as habilidades tipicamente humanas ganham ainda mais importância. A questão central que guia está investigação é como a diversidade cognitiva, quando presente nas equipes, influencia diretamente nos resultados de equipes de inovação. Esta investigação se justifica não somente pelas mudanças evidentes no mercado de trabalho, mas também pela necessidade de explorar a diversidade cognitiva, muitas vezes negligenciada em comparação com outras formas de diversidade. A metodologia empregada será uma revisão bibliográfica integrativa, que compreenderá uma análise minuciosa da literatura disponível sobre o tema, identificando padrões, tendências e possíveis lacunas na pesquisa existente.

Palavras chaves: DIVERSIDADE COGNITIVA. COMPOSIÇÃO DE EQUIPES. EQUIPES DE INOVAÇÃO. DESIGN THINKING.

1. INTRODUÇÃO

A revolução tecnológica, caracterizada pela crescente automação e pelo avanço da inteligência artificial, está transformando o mercado de trabalho de maneiras profundas e inéditas. Nesse contexto de mudança rápida e intensa, as habilidades tipicamente humanas, como criatividade e pensamento crítico, tornam-se ainda mais valiosas (Schislyaeva et al., 2022). Essas habilidades são essenciais para a inovação, um processo fundamental para o sucesso e a competitividade das organizações. No entanto, a inovação não ocorre no vácuo; ela é impulsionada pelas pessoas e, mais especificamente, pelas equipes (Valladares et al., 2014). É nesse cenário que a diversidade cognitiva se apresenta como um fator potencialmente crucial para o desempenho das equipes de inovação.

A diversidade cognitiva refere-se à variedade de formas pelas quais as pessoas percebem, interpretam e resolvem problemas. Ao contrário da diversidade demográfica, que se foca em atributos como gênero, etnia e idade, a diversidade cognitiva envolve diferenças em perspectivas, experiências e habilidades mentais (Kilduff et al., 2000). A relevância da diversidade cognitiva para a inovação reside na sua capacidade de enriquecer o processo de tomada de decisão e resolução de problemas, gerando uma gama mais ampla de ideias e soluções (Page, 2007; Page 2008). No entanto, apesar do reconhecimento crescente de sua importância, a diversidade cognitiva ainda é um tema relativamente pouco explorado na literatura, especialmente no contexto brasileiro.

Este capítulo propõe uma investigação detalhada sobre a interação entre diversidade cognitiva e o desempenho de equipes de inovação. A questão central que guia está investigação é como a diversidade cognitiva, quando presente em equipes de inovação, influencia diretamente seus resultados. A partir de uma filosofia construtivista, a abordagem metodológica escolhida é a revisão bibliográfica integrativa, que permite uma análise abrangente e sistemática da literatura existente (Creswell, 2017). O objetivo é identificar padrões, tendências e lacunas na pesquisa, oferecendo insights valiosos para gestores de inovação.

A escolha do modelo de inovação *Design Thinking* como foco deste estudo se justifica pela sua ênfase na resolução colaborativa e multidisciplinar de problemas. O *Design Thinking* é reconhecido por sua abordagem centrada no ser humano, que valoriza a empatia e a experimentação (Bonini et al., 2011). Ao investigar como a diversidade cognitiva se manifesta e influencia as equipes que utilizam este modelo, espera-se contribuir para uma compreensão mais profunda de como as diferenças cognitivas podem ser alavancadas para impulsionar a inovação.

Dada a crescente complexidade dos desafios enfrentados pelas organizações na era digital, entender os mecanismos pelos quais a diversidade cognitiva afeta o desempenho das equipes de inovação não é apenas academicamente interessante, mas também de grande relevância prática. As empresas que conseguem gerir eficazmente a diversidade cognitiva em suas equipes podem obter vantagens competitivas significativas, incluindo maior criatividade, produtividade e eficácia na inovação (Page, 2017). Assim, este capítulo visa fornece uma base teórica e empírica para futuras pesquisas e aplicações práticas, oferecendo orientações para gestores sobre como maximizar os benefícios da diversidade cognitiva.

1.1 Objetivo Geral

O principal objetivo deste capítulo é investigar se a diversidade cognitiva - refletida na ampla gama de habilidades e perspectivas dos membros da equipe - influencia o desempenho de equipes de inovação organizadas a partir do modelo de inovação Design Thinking.

1.2 Objetivos específicos

1. Identificar estudos e bibliografias relacionados à diversidade cognitiva e sua influência nos resultados de times de inovação;
2. Descrever os principais resultados dos estudos revisados, destacando os pontos fortes e as lacunas existentes no conhecimento sobre a relação entre diversidade cognitiva e desempenho de equipes de inovação;
3. Identificar uma eventual influência da diversidade cognitiva nos resultados obtidos pelas equipes de inovação, com base em métricas de desempenho como criatividade, produtividade e eficácia.

1.3 Questão/Pergunta problematizadora

A diversidade cognitiva nas equipes de inovação é um tema de crescente relevância em um cenário marcado pela rápida evolução tecnológica e automação crescente no mercado de trabalho. A questão problematizadora que norteia este capítulo é: como a diversidade cognitiva aplicada na composição de equipes de inovação influencia os resultados alcançados em um contexto em que as habilidades humanas se destacam em meio às transformações tecnológicas?

1.3 Justificativa

A justificativa para este capítulo se fundamenta na importância da inovação para os negócios e na relevância da gestão de pessoas enquanto fator determinante da capacidade de inovação (Knippenberg, 2017). Também leva em consideração um cenário de transformação radical no mercado de trabalho devido à automação e ao avanço tecnológico, onde cada vez mais tarefas são assumidas pela tecnologia. Isso destaca a importância das habilidades intrinsecamente humanas, como criatividade e pensamento crítico, que se tornam diferenciais em um ambiente de trabalho dominado pela tecnologia (Schislyaeva et al., 2022).

Embora as discussões sobre diversidade demográfica - em termos de etnia, gênero e orientação sexual - sejam cada vez mais frequentes no contexto corporativo, as pesquisas centradas na diversidade cognitiva ainda são escassas, especialmente no contexto brasileiro (Drach-Zahavy et al., 2001. Dado o papel crucial das equipes de inovação para o sucesso e a competitividade das organizações, e tendo em

vista que a análise bibliográfica sugere que a diversidade cognitiva é um elemento significativo na resolução de problemas e, consequentemente, no processo de inovação, torna-se relevante investigar como a diversidade cognitiva afeta os resultados dessas equipes é fundamental.

A partir dos resultados deste capítulo, gestores de equipes de inovação podem se beneficiar do uso estratégico da diversidade cognitiva, identificando quais combinações de habilidades cognitivas e perspectivas levam a melhores resultados em termos de criatividade, produtividade e eficácia na inovação. Isso pode levar a uma gestão mais eficiente e eficaz das equipes, contribuindo para o sucesso organizacional em um contexto de constante mudança e avanços tecnológicos.

2. METODOLOGIA

Neste capítulo do livro, a partir de uma filosofia construtivista, adotou-se uma abordagem qualitativa com objetivo exploratório para investigar o tema em questão. Essa abordagem foi escolhida devido à sua capacidade de proporcionar uma compreensão profunda e detalhada dos fenômenos estudados, permitindo a análise de nuances e complexidades que métodos quantitativos podem não captar. Além disso, a natureza exploratória da pesquisa visa descobrir novas perspectivas e insights, contribuindo para o avanço do conhecimento na área. (Creswell, 2017)

O procedimento metodológico principal consistiu em uma revisão bibliográfica integrativa. Esse método envolveu a realização de uma análise abrangente e minuciosa da literatura disponível sobre o tema. A revisão bibliográfica integrativa permite a síntese de estudos anteriores de maneira sistemática, proporcionando uma visão consolidada das evidências existentes. (SOUZA et al., 2010) Foram identificados padrões e tendências na pesquisa atual, bem como possíveis lacunas que ainda precisam ser exploradas. A seleção criteriosa das fontes e a análise detalhada dos dados disponíveis garantiram a qualidade e a relevância dos resultados obtidos.

Durante o processo de revisão bibliográfica integrativa, utilizou-se uma estratégia rigorosa para a coleta e análise de dados. As fontes incluíram artigos acadêmicos, livros, teses e dissertações, selecionados a partir de bases de dados renomadas. A análise envolveu a codificação dos dados, identificação de temas recorrentes e a comparação de resultados entre diferentes estudos (Torraco, 2005). Esse procedimento permitiu não apenas a identificação de padrões e tendências, mas também a revelação de áreas que necessitam de maior investigação. Dessa forma, a metodologia adotada contribuiu para uma compreensão abrangente e crítica do tema, fornecendo uma base sólida para futuras pesquisas e aplicações práticas.

3. ESTUDOS ANTERIORES, REFERENCIAL TEÓRICO, CONCEITOS.

A inovação desempenha um papel fundamental no desenvolvimento econômico, sendo reconhecida por teóricos como Joseph Schumpeter e Peter Drucker como um motor essencial do progresso. (Schumpeter, 1983) definiu a inovação como um processo de destruição criativa, enquanto (Drucker, 2003) a enxergava como a ferramenta primordial para criar valor e competitividade nos negócios. Seguindo essa linha, o Manual de Oslo define inovação como a implementação de um produto (bem ou serviço) novo ou significativamente melhorado, ou um processo, uma nova abordagem de marketing ou um novo método organizacional nas práticas de negócios, na organização do local de trabalho ou nas relações externas (OCDE, 2006).

A inovação também pode ser compreendida como um processo ordenado para a transformação sistemática de ideias em soluções no mercado, de modo a gerar diferenciação e maior competitividade (Baregheh et al., 2009). À medida que a sociedade evolui rapidamente, a necessidade de inovação se torna ainda mais premente. Esse cenário tem impulsionado a sistematização da inovação por meio de processos e modelos (Bonini et al., 2011).

Enquanto o processo de inovação se refere aos elementos e fases da inovação, os modelos de inovação se dedicam a orientar as práticas a serem adotadas no desenvolvimento de inovações por meio de um fluxo de ações ordenadas. Ao longo do tempo, os modelos de inovação evoluíram de uma abordagem linear e centrada em Pesquisa e Desenvolvimento (P&D) para uma visão mais dinâmica e adaptativa, destacando a importância da resolução de problemas e da resposta às demandas do mercado (Macedo; Miguel et al., 2015).

Essa transição reflete uma mudança de paradigma, onde modelos lineares (*science push*) deram lugar a abordagens não-lineares, iterativas e aplicáveis em diversos contextos, como exemplificado pelo modelo de Tidd et alii., que
enfatiza a colaboração, experimentação e aprendizado contínuo, reconhecendo a complexidade e multifacetada natureza do processo inovativo (Bonini ett al., 2011; Carvalho et al., 2011).

Entre as novas gerações de modelos, sobressai-se o *Design Thinking*, reconhecido como um modelo para solucionar problemas e desenvolver soluções inovadoras centradas nas necessidades humanas (Bonini et al., 2011). Em comparação com outras abordagens, o *Design Thinking* se destaca por sua visão holística, que emerge da colaboração entre equipes multidisciplinares (Macedo et al., 2015).

Pode-se afirmar que a gestão de pessoas é um dos fatores determinantes para a capacidade de inovar (Valladares et al., 2014). Segundo Carvalhoet al., (2011), embora modelos de inovação, ferramentas e técnicas desempenhem papeis importantes, sua eficácia está diretamente ligada ao componente humano - as pessoas. Esses autores destacam ainda a vitalidade do trabalho em equipe, ou seja, a organização do capital humano em grupos com objetivos compartilhados para potencializar a inovação.

O experimento clássico de Galton (1907), juntamente com pesquisas subsequentes de Watson (1928) e Soll (2013), corrobora a noção de que grupos de pessoas tendem a realizar
tarefas relacionadas à resolução de problemas de forma mais eficaz do que qualquer indivíduo isolado dentro desse grupo - fenômeno conhecido como 'inteligência coletiva'. Page (2007), argumenta que essa inteligência coletiva é potencializada pela diversidade cognitiva presente no grupo.

A diversidade pode ser observada sob duas óticas distintas: a diversidade demográfica e a diversidade cognitiva (Kilduff et al., 2000). A abordagem demográfica tem como foco principal as diferenças em atributos demográficos - incluindo, mas não se limitando a gênero, idade e etnia. A diversidade cognitiva, em contraste, pode ser entendida como a variedade de formas pelas quais um grupo de pessoas coletam e interpretam informações. Em outras palavras, reflete a ampla gama de percepções, ideias e modelos de interpretação do mundo presentes em um grupo específico.

Estudos demonstraram que ambos os tipos de diversidade em grupos podem influenciar de maneira positiva o funcionamento das equipes, trazendo benefícios como um aumento na criatividade, inovação e qualidade do desempenho (Drach-Zahavy et al., 2001; Watson et al., 1993).

Page (2011), propôs um teorema que descreve o impacto da diversidade cognitiva nos resultados de um grupo ao realizar tarefas de estimativa. O teorema sugere que o erro quadrado de um grupo é igual ao erro quadrado médio dos indivíduos, subtraída a medida de diversidade presente no grupo. Ou seja, quanto maior a diversidade cognitiva de um grupo, menor será o erro médio do grupo.

Esse efeito é vividamente ilustrado no experimento de estimativa estatística conduzido por Galton (1907), durante uma feira de gado em Plymouth. No experimento, centenas de participantes, incluindo leigos e especialistas em gado, tentaram estimar o peso de um determinado animal. Após análises estatísticas, o autor concluiu que a estimativa média do grupo era expressivamente mais acurada do que as melhores estimativas individuais. Isso se deve ao fato de que os erros individuais variados, alguns estimando acima e outros abaixo do valor correto, se compensam, o que leva a média do grupo a se aproximar mais do resultado correto.

Esse efeito só acontece devido à diversidade nas perspectivas e, consequentemente, nos erros de estimativa cometidos. Se todos os participantes compartilharem da mesma perspectiva e método para estimar o peso do gado, os erros serão consistentes e não se compensarão - na verdade, nesse caso, os erros serão reforçados, distanciando a média do grupo do resultado correto.

Se um grupo de 10 pessoas, cognitivamente homogêneo, for solicitado a gerar 10 ideias cada para resolver um problema específico, Page (2017) argumenta que provavelmente teremos menos de 100 ideias úteis, ou seja, ideias que não se repitam. Isso ocorre porque, ao compartilhar perspectivas e abordagens semelhantes, os indivíduos tendem a chegar a soluções idênticas ou muito semelhantes.

A diversidade cognitiva, embora benéfica para a inovação, também apresenta desafios significativos nas equipes de trabalho. As diferenças nas formas de pensar, nos estilos de resolver problemas e nas abordagens para tomar decisões podem gerar conflitos interpessoais e dificuldades de comunicação. (Rijswijk et al., 2024).

Os autores também destacam que esses desafios são exacerbados quando não há um entendimento claro das perspectivas e habilidades únicas de cada membro da equipe, levando a mal-entendidos e frustrações. Ou seja, a diversidade cognitiva pode dificultar a construção de uma visão compartilhada e a coesão do grupo, fatores essenciais para o funcionamento eficaz de uma equipe.

A gestão inadequada dessas diferenças pode resultar em uma menor eficiência e em uma queda na produtividade, especialmente quando não há um ambiente de aceitação e confiança. Esses conflitos surgem quando as diferenças são percebidas negativamente, resultando em falta de comunicação e criação de subgrupos dentro da equipe, prejudicando o desempenho coletivo (Dias, 2020).

Além disso, a autora argumenta que a diversidade cognitiva pode gerar preconceitos, dificultando a cooperação e o trabalho em conjunto. Para mitigar esses desafios, é essencial que os membros das equipes reconheçam e valorizem a diversidade, e que o ambiente organizacional promova e apoie essas diferenças. Ou seja, a diversidade tem seus riscos, mas com a abordagem certa, pode-se capitalizar os recursos inerentes à diversidade para melhorar a criatividade e o desempenho das equipes (Qu et al., 2024).

4. ANÁLISES, REFLEXÕES, RESULTADOS E CRÍTICAS

O estudo da diversidade cognitiva nas equipes de inovação revela uma complexidade inerente às interações

humanas e às dinâmicas de grupo. Evidências sugerem que a diversidade cognitiva desempenha um papel fundamental na eficácia das equipes de inovação, especialmente em ambientes onde a criatividade e a resolução de problemas são cruciais
(Page, 2008). A diversidade de perspectivas pode levar a uma maior geração de ideias e soluções inovadoras, o que é vital para o sucesso organizacional em um cenário de rápidas mudanças tecnológicas (Page, 2017).

Apesar disso, a literatura revisada destaca que, embora estudos como os de Cox et al., (1991), já destacaram a relevância da diversidade cultural para a competitividade empresarial e, a partir dos anos 2000, os benefícios da diversidade cognitiva tenham começado a ser estudados, é notável que a discussão sobre diversidade tenha se concentrado predominantemente na diversidade demográfica.

Outra reflexão importante é sobre a aplicabilidade desses conceitos no contexto brasileiro. A pesquisa bibliográfica indicou que a discussão sobre diversidade cognitiva no Brasil ainda está em estágio inicial, com poucos estudos específicos sobre o tema. Isso representa uma oportunidade para a academia e para os profissionais de gestão explorarem como as particularidades culturais e organizacionais do Brasil influenciam a dinâmica da diversidade cognitiva (DIAS, 2020). Investigações futuras poderiam focar em estudos de caso de empresas brasileiras que adotaram práticas inovadoras para gerir a diversidade cognitiva, fornecendo assim diretrizes e exemplos práticos para outros gestores.

Com base no que foi apresentado, é seguro dizer que trabalhar com grupos de pessoas é mais adequado do que contar apenas com indivíduos isolados em situações que exigem a resolução de problemas e a tomada de decisões complexas (Soll, 2013). Nesse cenário, a diversidade cognitiva desempenha um papel importante na capacidade dos grupos de resolver problemas e, por conseguinte, impulsionar a inovação.

No entanto, a gestão eficaz da diversidade cognitiva também apresenta desafios. Diferenças significativas nas formas de pensar e abordar problemas podem levar a conflitos e dificuldades de comunicação dentro das equipes. Esses desafios ressaltam a importância de habilidades de liderança e técnicas de facilitação que promovam a inclusão e a integração das diferentes perspectivas. Estratégias como treinamentos em comunicação intercultural e práticas de mediação de conflitos são essenciais para criar um ambiente de trabalho colaborativo e harmonioso (Rijswijk et al., 2024).

O modelo de Design Thinking, com sua ênfase na colaboração multidisciplinar e na abordagem centrada no ser humano, parece ser particularmente adequado para explorar os benefícios da diversidade cognitiva (Macedo et al., 2015). No entanto, a revisão bibliográfica identificou uma escassez de estudos que investiguem especificamente a interação entre diversidade cognitiva e desempenho no contexto do *Design Thinking*. Isso indica uma lacuna significativa na literatura, sugerindo a necessidade de pesquisas adicionais que possam oferecer insights mais detalhados sobre como essas duas áreas se complementam. Estudos de caso e pesquisas empíricas poderiam fornecer dados valiosos para entender melhor essa relação e desenvolver práticas eficazes para gerenciar a diversidade cognitiva em equipes de inovação.

Por fim, embora a diversidade cognitiva seja reconhecida como um fator potencialmente crucial para o desempenho das equipes de inovação, ainda há muito a ser explorado e compreendido. A revisão bibliográfica integrativa realizada neste capítulo fornece uma base sólida, mas também destaca a necessidade de pesquisas adicionais para preencher as lacunas identificadas. É crucial que os gestores de inovação desenvolvam e implementem estratégias para aproveitar ao máximo a diversidade cognitiva, transformando desafios em
oportunidades de crescimento e inovação. Com uma abordagem estratégica e bem-informada, as organizações podem não apenas melhorar seu desempenho, mas também

se preparar melhor para enfrentar os desafios de um mercado de trabalho em constante evolução.

5. CONSIDERAÇÕES FINAIS

A análise da diversidade cognitiva e sua influência no desempenho das equipes de inovação revela um campo de estudo rico e promissor. A literatura revisada neste capítulo destaca que a diversidade cognitiva, quando bem gerida, pode ser um poderoso motor de inovação. Equipes diversas cognitivamente são capazes de gerar uma gama mais ampla de ideias, abordagens e soluções, o que é essencial em um ambiente de trabalho cada vez mais complexo e dinâmico. No entanto, o potencial da diversidade cognitiva só pode ser plenamente realizado se houver uma cultura organizacional que valorize e promova a inclusão e a colaboração.

Os estudos analisados mostram que a diversidade cognitiva tem um impacto positivo em diversas métricas de desempenho, incluindo criatividade, produtividade e eficácia. Esses resultados são especialmente relevantes no contexto do *Design Thinking*, que se baseia na colaboração multidisciplinar e na resolução criativa de problemas. A metodologia adotada neste capítulo, uma revisão bibliográfica integrativa, permitiu uma compreensão abrangente das evidências disponíveis, identificando tanto os benefícios quanto às lacunas na pesquisa existente.

Apesar das evidências positivas, a literatura também aponta desafios significativos na gestão da diversidade cognitiva. A presença de diferentes perspectivas e abordagens pode levar a conflitos e dificuldades na comunicação. Portanto, é crucial que os gestores de inovação desenvolvam habilidades para facilitar a integração e o aproveitamento das diferenças cognitivas dentro das equipes. Ferramentas e técnicas específicas, como treinamentos em comunicação intercultural e técnicas de mediação de conflitos, podem ser úteis nesse processo.

A ausência de estudos específicos sobre a diversidade cognitiva no contexto brasileiro representa uma oportunidade para futuras pesquisas. Investigações adicionais podem explorar como as particularidades culturais e organizacionais do Brasil influenciam a dinâmica da diversidade cognitiva e seu

impacto na inovação. Além disso, estudos de caso em empresas brasileiras podem fornecer insights práticos e diretrizes para gestores sobre como utilizar a diversidade cognitiva de forma estratégica.

Em conclusão, a diversidade cognitiva parece ser um elemento essencial para o sucesso das equipes de inovação na era digital. Sua gestão eficaz pode levar a resultados superiores em termos de criatividade, produtividade e eficácia. No entanto, para maximizar esses benefícios, é necessário um esforço consciente para promover uma cultura de inclusão e colaboração. Espera-se que as descobertas e reflexões apresentadas neste capítulo contribuam para uma melhor compreensão do papel da diversidade cognitiva e inspirem novas pesquisas e práticas inovadoras no campo da gestão de equipes. Ao fazer isso, as organizações estarão mais bem preparadas para enfrentar os desafios e aproveitar as oportunidades de um mundo em constante transformação.

6. REFERÊNCIAS

BAREGHEH, A.; ROWLEY, J.; SAMBROOK, S. (2009). Towards a Multidisciplinary Definition of Innovation. Management Decision.

BONINI, L. A., & SBRAGIA, R. (2011). O Modelo de Design Thinking como Indutor da Inovação nas Empresas: Um Estudo Empírico. Revista De Gestão E Projetos, 2(1), 03–25. https://doi.org/10.5585/gep.v2i1.36

CARVALHO, Hélio Gomes de; REIS, Dálcio Roberto dos; CAVALCANTE, Márcia Beatriz. Gestão da inovação. Curitiba, PR: Aymará Educação, 2011. http://repositorio.utfpr.edu.br/jspui/handle/1/2057

CRESWELL, John W.; CRESWELL, J. David. Research design: Qualitative, quantitative, and mixed methods approaches. Sage publications, 2017.

DIAS, Beatriz Pinto. (2020) A influência da diversidade cognitiva no desempenho de equipas: o papel moderador da inteligência emocional coletiva. Dissertação de Mestrado ao Instituto Universitário de Lisboa.

DRACH-ZAHAVY, A., & SOMECH, A. (2001). Understanding team innovation: The role of team processes and structures. Group Dynamics: Theory, Research, and Practice, 5(2), 111–123. https://doi.org/10.1037/1089-2699.5.2.111

DRUCKER, P. F. (1985a). The discipline of innovation. Harvard Business Review.

DRUCKER, P. F. (1985b). Innovation and Entrepreneurship: Practice and Principles. University of Illinois at Urbana-Champaign's Academy for Entrepreneurial Leadership Historical Research Reference in Entrepreneurship.

KILDUFF, M., ANGELMAR, R., & MEHRA, A. (2000). Top management-team diversity and firm performance: Examining the role of cognitions. Organization Science, 11(1), 21–34. https://doi.org/10.1287/orsc.11.1.21.12569

MACEDO, Mayara Atherino; MIGUEL, Paulo Augusto Cauchick; CASAROTTO FILHO, Nelson. A caracterização do design thinking como um modelo de inovação. RAI Revista de Administração e Inovação, v. 12, n. 3, 2015.

OCDE. Manual de Oslo: diretrizes para a coleta e interpretação de dados sobre inovação tecnológica. FINEP (Financiadora de Estudos e Projetos), 3ª Edição, 2006.

PAGE, Scott E. (2007) Making the Difference: Applying a Logic of Diversity - Academy of Management Perspectives Vol. 21, No. 4 - https://doi.org/10.5465/amp.2007.27895335

PAGE, Scott E. (2008) The Difference: How the Power of Diversity Creates Better Groups, Firms, Schools, and Societies - New Edition, Princeton: Princeton University Press, 2008. https://doi.org/10.1515/9781400830282

PAGE, Scott E. (2014) Where diversity comes from and why it matters? - European Journal of Social Psychology Volume 44, Issue 4 June 2014 - https://doi.org/10.1002/ejsp.2016

PAGE, Scott E. (2017) The Diversity Bonus: How great teams pay off in the knowledge economy, Princeton University Press, Princeton & Oxford

QU J, ZHAO S, CAO M, LU J, ZHANG Y, CHEN Y, ZHU R. When and how is team cognitive diversity beneficial? An examination of Chaxu climate. Heliyon. 2024 Jan 2;10(1):e23970. doi: 10.1016/j.heliyon.2024.e23970. PMID: 38268593; PMCID: PMC10805916.

SCHISLYAEVA, E.R.; SAYCHENKO, O.A. Labor Market Soft Skills in the Context of Digitalization of the Economy. Soc. Sci. 2022, 11, 91. https://doi.org/10.3390/socsci11030091

SCHUMPETER, J. A. (1983). The Theory of Economic Development: An Inquiry into Profits, Capital, Credit, Interest, and the Business Cycle. Transaction Publishers.

SOLL, Jack B. (2013) "The Wisdom of Small Crowds" Albert E. Mannes University of Pennsylvania Jack B. Soll and Richard P. Larrick Duke University."

SOUZA, Marcela Tavares de; SILVA, Michelly Dias da; CARVALHO, Rachel de. Revisão integrativa: o que é e como fazer. Einstein (São Paulo), v. 8, 2010.

TORRACO, R. J. (2005). Writing Integrative Literature Reviews: Guidelines and Examples. Human Resource Development Review,4(3),356-367. https://doi.org/10.1177/1534484305278283

VALLADARES, P. S. D. de A., VASCONCELLOS, M. A. de ., & SERIO, L. C. D.. (2014). Capacidade de Inovação: Revisão Sistemática da Literatura. Revista De Administração Contemporânea, 18(5). https://doi.org/10.1590/1982-7849rac20141210

VAN KNIPPENBERG D. (2017). Team innovation. Annual Review of Organizational Psychology and Organizational Behavior, 4.

VAN RIJWIJK, J., CURSEU, P. L., & VAN OORTMERSSEN, L. A. (2024). Cognitive and Neurodiversity in Groups: A Systemic and Integrative Review. Small Group Research, 55(1), 44-88. https://doi.org/10.1177/10464964231213564

WATSON, W. E., KUMAR, K., & MICHAELSEN, L. K. (1993). Cultural diversity's impact on interaction process and performance: Comparing homogeneous and diverse task

groups. Academy of Management Journal, 36(3), 590–602. https://doi.org/10.2307/256593
WATSON, G. B. (1928). Do groups think more efficiently than individuals? Journal of Abnormal and Social Psychology, 23, 328-336.

CAPÍTULO 2 | INOVAÇÃO CONSCIENTE: UMA REFLEXÃO SOBRE ÉTICA ANIMAL PARA AVANÇOS CIENTÍFICOS SUSTENTÁVEIS

Adriana Saito

RESUMO

Este capítulo tem como objetivo é explorar abordagens alternativas à experimentação animal em pesquisas científicas, com foco na bioimpressão 3D, discutindo as limitações e a ineficácia dos métodos tradicionais. O contexto envolve o desafio ético na experimentação animal pelos avanços científicos e o aumento das preocupações éticas, exigindo soluções inovadoras que substituam os testes em animais sem comprometer a integridade e precisão das pesquisas. A questão central é o dilema ético entre os benefícios para a saúde humana e o sofrimento animal, além dos impactos na confiabilidade dos resultados. Esse estudo se justifica pela necessidade urgente de métodos alternativos que respeitem os princípios éticos e o bem-estar animal, mantendo a qualidade das pesquisas. A metodologia baseia-se em uma revisão de literatura sobre bioimpressão 3D e suas aplicações na pesquisa científica, analisando artigos, relatórios e fontes relevantes. Foi utilizada obras sobre ética animal, inovação tecnológica e bioimpressão 3D. Estudos anteriores demonstram que a bioimpressão 3D, criando tecidos e órgãos artificiais, reduz a necessidade de testes em animais e oferece resultados mais precisos. Os resultados indicam que a bioimpressão 3D é uma alternativa viável e ética.

Palavras chaves: ÉTICA ANIMAL. MÉTODOS ALTERNATIVOS. INOVAÇÃO CONSCIENTE.

1. INTRODUÇÃO

A inovação científica é um processo dinâmico e contínuo que impulsiona o progresso em diversas áreas do conhecimento, segundo Coutinho (2017). A intersecção entre avanços científicos, ética animal e sustentabilidade tem sido objeto de intensa discussão e investigação nas últimas décadas (Twine, 2010).

No entanto, essa prática também tem sido objeto de crescente preocupação e debate devido às questões éticas envolvidas. A utilização de animais em pesquisas científicas pode resultar em sofrimento e dor animal, levantando questões importantes sobre o tratamento ético desses seres vivos. Essas questões éticas são fundamentais para pesquisadores, legisladores, ativistas pelos direitos dos animais, e para a sociedade em geral. Pesquisadores e instituições têm discutido intensamente a necessidade de abordar o bem-estar animal de forma transparente e ética, promovendo a adoção de métodos alternativos que minimizem o sofrimento animal (Elger, 2024).

Os desafios para a implementação de alternativas sem o envolvimento de testes em animais são significativos. Além da confiabilidade nos resultados obtidos por meio dessas alternativas, há também considerações relacionadas aos custos envolvidos e à eficiência desses métodos substitutivos (Liebsch, 2011). A busca por métodos que preservem a ética animal sem comprometer a qualidade e a robustez dos resultados tornou-se uma prioridade para a comunidade científica e para a sociedade como um todo (Brill, 2019).

Para alcançar esses objetivos, apresentamos uma análise do contexto atual dos avanços científicos que envolvem a utilização de animais em pesquisas, examinando seus resultados e desafios enfrentados. Além disso, dedicamos esforços para investigar e analisar as alternativas existentes para substituir o uso de animais em pesquisas científicas, com foco em avaliar os benefícios dessas alternativas em termos de precisão, ética, custo e aplicabilidade dos resultados, em comparação com os testes em animais.

Por intermédio dessa reflexão, pretendemos contribuir para a discussão sobre a ética animal e a inovação científica sustentável, destacando o papel da bioimpressão 3D como uma técnica promissora para a
produção de tecidos e órgãos artificiais.

No contexto dessa complexidade, o presente capítulo, busca explorar e evidenciar os benefícios decorrentes da adoção de alternativas que eliminem a necessidade de utilização de animais em pesquisas científicas.

1.1 OBJETIVO GERAL

O objetivo principal é discutir e evidenciar os benefícios decorrentes da adoção de alternativas que minimizem e/ou eliminem a utilização de animais em pesquisas científicas, com ênfase na aplicação da bioimpressão 3D como uma técnica promissora para a produção de tecidos e órgãos artificiais.

1.2 OBJETIVO ESPECÍFICO

a. Apresentar uma análise do contexto atual dos avanços científicos que envolvem a utilização de animais em pesquisas e seus resultados;
b. Analisar as alternativas existentes para substituir o uso de animais em pesquisas científicas.
c. Avaliar os benefícios das alternativas propostas em termos de precisão, ética, custo e aplicabilidade dos resultados obtidos em comparação com testes em animais.

1.3 QUESTÃO/PERGUNTA PROBLEMATIZADORA

Como a ética animal pode influenciar os avanços científicos sustentáveis e qual é o papel dos métodos alternativos na busca por inovação consciente?

1.4 JUSTIFICATIVA

Do ponto de vista científico e acadêmico, este capítulo busca compreender como novas tecnologias podem revolucionar a condução da pesquisa científica. Tecnologias emergentes, como bioimpressão 3D e modelos computacionais, têm o potencial de substituir métodos tradicionais que envolvem testes em animais, proporcionando alternativas mais éticas e eficazes (Pound & Ritskes-Hoitinga, 2018). Essas abordagens podem melhorar a precisão dos resultados, ao replicar condições humanas de forma mais direta e relevante, superando limitações dos modelos animais tradicionais (Hartung, 2009).

Além disso, a pesquisa incentiva uma análise crítica acerca da observância dos direitos animais e da importância do bem-estar animal no contexto científico. Essa abordagem está alinhada com o interesse social crescente pelo tratamento ético dos animais e pelo compromisso com o desenvolvimento sustentável. A adoção de métodos alternativos é impulsionada não apenas por razões éticas, mas também pela busca de resultados científicos mais sólidos e replicáveis, que são frequentemente comprometidos em estudos com animais
devido a questões de validade externa, que avalia se as

conclusões obtidas em um experimento também se aplicam a outras populações e situações além daquelas especificamente estudadas (Knight, 2011; Festing & Wilkinson, 2007).

Do ponto de vista econômico e comercial, a pesquisa é relevante ao explorar alternativas que possam reduzir custos e recursos públicos associados aos testes em animais, segundo Leist et al. (2008) e Hartung (2009). O desenvolvimento de tecnologias inovadoras pode abrir novas oportunidades de mercado e promover uma ciência mais sustentável e responsável. Métodos alternativos, como organoides e testes in silico, podem reduzir significativamente o tempo e os custos associados às pesquisas, enquanto proporcionam resultados mais precisos (Hengstler et al., 2006). A substituição do uso de animais em pesquisas científicas pode, assim, contribuir para a melhoria do bem-estar animal e para a redução do impacto ambiental, garantindo um futuro mais ético e sustentável para a pesquisa e a inovação (Benninghoff, 2007; Balls, 2002).

2. METODOLOGIA

Este capítulo foi desenvolvido por meio de uma pesquisa bibliográfica, que envolveu a coleta de referências teóricas já analisadas e publicadas em fontes escritas e eletrônicas. O processo de levantamento de referências incluiu a consulta a uma ampla gama de artigos acadêmicos e científicos, publicados em periódicos indexados no período de 1995 a 2024. Estas fontes abrangem revistas eletrônicas de universidades, livros e sites oficiais, assegurando a diversidade e a credibilidade dos materiais utilizados.

A seleção das fontes foi realizada de maneira criteriosa, visando obter evidências científicas sólidas e consolidadas. Utilizando a pesquisa bibliográfica como metodologia central, foi possível desenvolver uma análise detalhada sobre temas, como a ética animal e os avanços científicos sustentáveis. Segundo Hart (1988), há uma necessidade de os pesquisadores desenvolverem habilidades para analisar criticamente a literatura. Neste contexto, o método permitiu a integração de múltiplas perspectivas e dados relevantes, proporcionando uma compreensão abrangente e fundamentada das questões abordadas.

A metodologia adotada desempenhou um papel vital na composição deste capítulo, fornecendo um arcabouço teórico consistente para a discussão proposta. A pesquisa bibliográfica não apenas facilitou a identificação de lacunas e pontos de convergência na literatura existente, mas também incentivou uma reflexão crítica sobre as práticas atuais e futuras no campo da pesquisa científica e da ética animal.

3. ANÁLISE DOS AVANÇOS CIENTÍFICOS NO USO DE ANIMAIS EM PESQUISAS: PASSADO E FUTURO COM ALTERNATIVAS VIÁVEIS

A utilização de animais em pesquisas científicas é uma prática que remonta à antiguidade e tem sido fundamental para o desenvolvimento da ciência moderna. No século XX, por exemplo, os testes em animais desempenharam um papel vital para muitos avanços médicos significativos. A descoberta da penicilina por Alexander Fleming em 1928, com testes realizados em coelhos e ratos, foi um marco que revolucionou o tratamento de infecções bacterianas. Da mesma forma, o desenvolvimento da vacina contra a poliomielite nos anos 1950, testada em macacos e camundongos, foi crucial para erradicar a doença em grande parte do mundo (Lederberg, 2000).

Apesar dos avanços, a ineficiência e a falta de confiabilidade dos testes em animais são preocupantes.

Segundo Pound & Ritskes-Hoitinga (2018), aproximadamente 90% dos medicamentos que passam em testes pré-clínicos em animais falham em ensaios clínicos humanos devido a questões de segurança ou eficácia. Essa alta taxa de falhas é atribuída às diferenças biológicas fundamentais entre espécies, o que pode levar a interpretações errôneas dos dados e ao desperdício de recursos.

A utilização de animais em pesquisas tem sido um tópico de debate intenso. No Brasil, a legislação sobre a experimentação animal foi consolidada com a Lei Arouca (BRASIL, 1995), que estabelece diretrizes para o uso ético de animais em pesquisas, incluindo a criação de comissões de ética e do Conselho Nacional de Controle de Experimentação Animal.

A compreensão das doenças, tratamentos e processos biológicos fundamentais foi significativamente ampliada graças a esses modelos animais. No entanto, apesar de sua importância para o avanço científico, o uso de animais em testes gera controvérsias, especialmente em sociedades preocupadas com a proteção dos animais. Schatzmayr (2008) argumenta que a crescente conscientização ética sobre o bem-estar animal impulsionou a busca por métodos alternativos.

A implementação de tecnologias como a modelagem computacional, simulações e estudos in vitro, incentivadas por iniciativas globais como o programa REACH da União Europeia, visa reduzir e, eventualmente, substituir o uso de animais em pesquisas científicas.

Além disso, os testes em animais são caros e demorados. Um relatório da National Institutes of Health (NIH) estima que o custo médio para desenvolver um novo medicamento, incluindo os testes em animais, ultrapassa os 2,6 bilhões de dólares e pode levar até 10 anos para ser concluído (NIH, 2016).

Em contraste, as alternativas como a bioimpressão 3D, pode acelerar esse processo ao fornecer modelos humanos mais rapidamente, reduzindo o tempo e os custos associados aos testes em animais (Wong et al., 2019). Além da bioimpressão 3D, métodos baseados em células humanas, como organoides, mostram resultados promissores. Organoides são miniaturas de órgãos cultivados a partir de células-tronco humanas, que podem imitar a estrutura e a função dos órgãos reais (Lancaster, 2014).

3.1. ALTERNATIVA À EXPERIMENTAÇÃO ANIMAL: ENFOQUE NA BIOIMPRESSÃO 3D

A experimentação animal tem desempenhado um papel crucial no avanço científico ao longo dos séculos. No entanto, crescentes preocupações éticas e a necessidade de métodos

mais eficazes e confiáveis continuam a moldar o futuro da pesquisa científica. A transição para esses novos métodos pode aumentar a relevância e a aplicabilidade das pesquisas para os humanos, reduzindo ao mesmo tempo o sofrimento animal e promovendo uma ciência mais responsável e avançada.

A bioimpressão 3D é uma tecnologia que utiliza células vivas, biomateriais e fatores de crescimento para criar estruturas tridimensionais complexas como tecidos e órgãos. Neste contexto, pela personalização de modelos de tecidos específicos, essa técnica possui uma ampla gama de aplicações na pesquisa biomédica, como:

3.1.1 Modelagem de Doenças

A criação de modelos de tecidos específicos utilizando bioimpressão 3D permite um estudo mais preciso da progressão de doenças e a avaliação de novos tratamentos. Por exemplo, modelos bioimpressos de tecidos cancerígenos têm sido utilizados para investigar a eficácia de terapias anticâncer, proporcionando insights valiosos que podem não ser obtidos com modelos animais tradicionais (Nguyen et al., 2016).

3.1.2 Testes de Toxicidade

A avaliação da toxicidade de novos compostos em tecidos humanos bioimpressos, como fígado e coração, oferece uma alternativa mais significativa aos testes em animais. Estes modelos permitem a detecção precoce de toxicidade e a avaliação de segurança de medicamentos de maneira mais eficaz. Estudos demonstram que os tecidos bioimpressos podem replicar as respostas fisiológicas humanas de forma mais precisa, facilitando a translação dos resultados para a prática clínica (Horváth et al., 2015).

Regeneração de Tecidos

O desenvolvimento de tecidos para transplante e medicina regenerativa é uma das aplicações mais promissoras da bioimpressão 3D. Tecidos bioimpressos podem mimetizar a anatomia e a fisiologia humanas, proporcionando modelos mais relevantes para pesquisas biomédicas e tratamentos clínicos. Pesquisas recentes têm mostrado sucesso na criação de tecidos funcionais como pele, cartilagem e até mesmo pequenos órgãos, que podem ser utilizados em terapias regenerativas (Murphy & Atala, 2014).

O campo da bioimpressão 3D continua a evoluir rapidamente, com avanços tecnológicos que melhoram a precisão, a viabilidade e a funcionalidade dos tecidos impressos. Inovações como a bioimpressão de tecidos vascularizados e a integração de múltiplos tipos celulares estão ampliando as possibilidades de aplicação desta tecnologia. Além disso, a redução dos custos de produção e a melhoria na acessibilidade das tecnologias de bioimpressão prometem acelerar sua adoção em larga escala na pesquisa biomédica e na prática clínica (Gungor-Ozkerim et al., 2018).

3.2. APLICAÇÃO DE BIOIMPRESSÃO 3D E CASES

Esta aplicação emergiu como uma tecnologia promissora para substituir testes em animais e avançar no campo dos transplantes, oferecendo modelos humanos específicos para estudos de doenças, testes de toxicidade e avaliação de novos medicamentos (Murphy & Atala, 2014). Alguns testes de toxicidade, como os testes de Draize, que avaliam a irritação ocular e cutânea e que eram tradicionalmente realizados em animais, podem ser substituídos pela bioimpressão 3D.

Tecidos cardíacos bioimpressos podem ser utilizados para testar a cardiotoxicidade de novos fármacos, eliminando a necessidade de usar animais como ratos ou coelhos (Kang, 2016).

O transplante de órgãos de animais, conhecido como xenotransplante, tem sido investigado como uma solução para a escassez de órgãos humanos disponíveis para transplante. Porcos têm sido o foco principal devido à sua semelhança anatômica e fisiológica com humanos, além de sua capacidade de reprodução rápida. No entanto, o xenotransplante enfrenta desafios significativos, incluindo rejeição imunológica, transmissão de doenças, além de questões éticas envolvendo o "cultivo" de animais para essa finalidade (Cooper, 2016).

Pesquisas recentes demonstram o potencial da bioimpressão 3D para criar fígados funcionais. Um estudo publicado *na Nature Biotechnology* revelou que fígados bioimpressos foram capazes de realizar funções hepáticas básicas, como produção de albumina e metabolismo de amônia, o que indica a viabilidade desta tecnologia para substituir transplantes de fígado de porcos no futuro (Atala, 2020).

Os índices de sobrevivência e recuperação dos pacientes submetidos a transplantes de órgãos de porcos são geralmente limitados pela resposta imunológica e complicações infecciosas. A rejeição imunológica é um desafio significativo, com taxas de rejeição aguda e crônica consideravelmente elevadas. Estudos indicam que a maioria dos pacientes experimenta rejeição do enxerto dentro de semanas a meses após o transplante.

Em um estudo específico, observou-se que as taxas de sucesso em xenotransplantes de órgãos de porcos para humanos são inferiores a 10%, devido à alta incidência de rejeição imunológica (Cooper et al., 2000).

Estudos indicam que órgãos bioimpressos, ao serem feitos sob medida para o paciente, pode reduzir complicações cirúrgicas e acelerar a recuperação pós-transplante (Kang, 2016).

Apesar dos custos iniciais elevados associados à bioimpressão 3D, os benefícios a longo prazo são significativos. Estes incluem a personalização dos órgãos impressos para o paciente, redução das complicações pós-transplante e eliminação do risco de zoonoses comparado aos transplantes de porcos. Isso resulta em uma relação custo -Benefício favorável, com potencial para transformar a prática clínica e melhorar os resultados dos pacientes (Jain, 2015).

A bioimpressão 3D representa não apenas uma alternativa ética à experimentação animal, mas também uma solução inovadora para os desafios enfrentados pelo xenotransplante. Avanços contínuos nesta área têm o potencial de revolucionar a medicina regenerativa e reduzir significativamente a dependência de transplantes de órgãos de origem animal.

4. RESULTADOS

Segundo Wong (2019) a bioimpressão 3D melhora de 30-40% a precisão dos modelos pré-clínicos em comparação com os testes em animais, além de reduzir falhas em ensaios clínicos devido a questões de segurança ou eficácia em 20-30%, conforme mostra a Figura 1.

Figura 1: Gráfico comparativo entre eficiência da Bioimpressão 3D e testes em animais

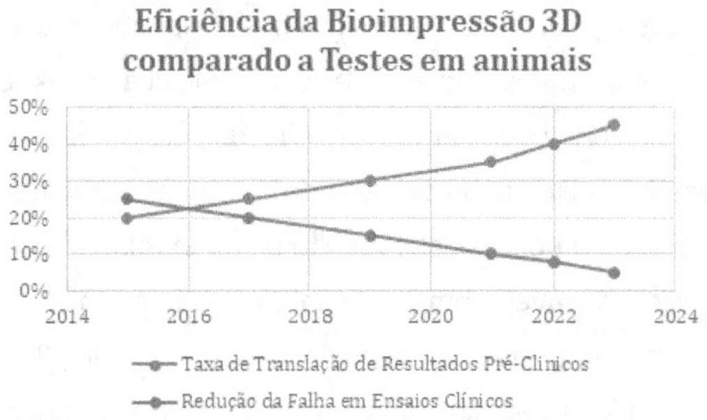

Fonte: Autora

Os custos associados à pesquisa e desenvolvimento de novos medicamentos são significativamente reduzidos com a bioimpressão 3D. O processo tradicional de desenvolvimento de medicamentos, que inclui extensivos testes em animais, pode custar entre $2 e $3 bilhões (DiMasi et al., 2016). A bioimpressão 3D pode reduzir esses custos em até 50% (Jain et al., 2015). Além disso, a eliminação dos custos

relacionados à criação e manutenção de modelos animais contribui para essa economia. Conforme destacado por Mandrycky et al. (2016), a bioimpressão 3D permite a engenharia de tecidos complexos, o que aumenta a eficiência dos modelos pré-clínicos e potencialmente diminui os custos e o tempo de desenvolvimento.

Já em relação ao tempo necessário para o desenvolvimento de novos medicamentos e tratamentos é também substancialmente reduzido com a bioimpressão 3D. O ciclo de desenvolvimento tradicional pode levar de 10 a 15 anos, grande parte do qual é consumido por testes em animais (DiMasi et al., 2016). A bioimpressão 3D pode reduzir o tempo de desenvolvimento em até 40%, acelerando a transição dos compostos promissores dos laboratórios para os ensaios clínicos (Wong et al., 2019). Como mencionado por Mandrycky et al. (2016), essa tecnologia não apenas reduz o tempo, mas também aumenta a precisão e a relevância dos modelos utilizados, contribuindo para avanços mais rápidos e seguros na medicina.

5. CONSIDERAÇÕES FINAIS

A discussão sobre a ética animal em pesquisas científicas é um tema complexo e delicado. No entanto, é fundamental que os cientistas e a sociedade como um todo sejam conscientes dos benefícios decorrentes da adoção de alternativas que eliminem a necessidade de utilização de animais em pesquisas científicas. A bioimpressão 3D é uma técnica promissora para a produção de tecidos e órgãos artificiais, que pode reduzir significativamente a necessidade de experimentos em animais.

Do ponto de vista ético, a bioimpressão 3D elimina os desafios associados à rejeição imunológica e à transmissão de zoonoses que ocorrem com os transplantes de órgãos de animais. Esta tecnologia não apenas oferece uma solução científica avançada, mas também promove uma abordagem mais humana e consciente, alinhando-se com os princípios de sustentabilidade e respeito pela vida animal. A adoção de práticas como a bioimpressão 3D representa um avanço significativo na ética científica, tornando a pesquisa biomédica mais responsável e sustentável.

Em conclusão, a bioimpressão 3D é uma inovação consciente que possui o potencial de transformar a pesquisa biomédica e a prática clínica. Além disso, essa tecnologia pode também melhorar a qualidade de vida das pessoas e

reduzir os custos associados à produção de medicamentos e terapias. É fundamental que os cientistas e a sociedade sejam conscientes dos benefícios decorrentes da adoção de alternativas sem o
uso de de animais em pesquisas científicas e trabalhem juntos para desenvolver soluções sustentáveis e éticas para os avanços científicos.

6. REFERÊNCIAS

ATALA, A. Tissue engineering and regenerative medicine: concepts for clinical application. Rejuvenation Research. v.23, e.1, p.8, 2020.

BALLS, M. The three Rs and the humanity criterion. Toxicology in Vitro, v. 16, e. 5, p.449-451, 2002.

BENNINGHOFF, A. D. Toxicoproteomics—the next step in the evolution of environmental biomarkers? Toxicological Sciences, v. 95, e. 1, p; 1-4, 2007.

BRASIL. Lei Arouca - Lei nº 11.794, de 8 de outubro de 2008. Diário Oficial da União, 1995.

BRILL, S.A; GURRERO-MARTIN, S.; PATE, K.A. The Symbiotic Relationship Between Scientific Quality and Animal Research Ethics. ILAR Journal, e. 3, v. 60, p. 334-340, 2019.

COOPER, D. K. C., et al. Justification of specific genetic modifications in pigs for clinical xenotransplantation. Xenotransplantation, v.23, e.6, p.457-464, 2016.

COUTINHO, Gustavo Alberto Silva; SILVA, André Vasconcelos da; A Inovação Científica como um Processo Dinâmico e Contínuo, Simpósio de
Metodologias Ativas: Inovações para o Ensino e Aprendizagem na Educação Básica e Superior, v.2, e.1, p. 49-63, 2017.

DIMASI, J. A., GRABOWSKI, H. G.; HANSEN, R. W. Innovation in the pharmaceutical industry: New estimates of R&D costs. Journal of Health Economics, v.47, p.20-33, 2016.

ELGER, B. S. Animal Research Regulation: Improving Decision-Making and Adopting a Transparent System to Address Concerns around Approval Rate of Experiments. Animals, v. 14, e.6, p. 846, 2024.

FESTING, M. F., & WILKINSON, C. The ethics of animal research. Talking Point on the use of animals in scientific research. EMBO Reports, v.8, e. 6, p. 526-530, 2007.

GUNGOR-OZKERIM, P. S., INCI, I., ZHANG, Y. S., KHADEMHOSSEINI, A., & DOKMECI, M. R. Bioinks for 3D bioprinting: An overview. Biomaterials Science, v.6, e.5, p. 915-946, 2018.

HARTUNG, T. Toxicology for the twenty-first century. Nature, v. 460, e. 7252, p. 208-212, 2009.

HART, Chris. Hart, Chris, Doing a Literature Review: Releasing the Social Science Research Imagination. London: Sage, 1998. 1998.

HENGSTLER, J. G., FOTH, H., KAHL, R., KRAMER, P. J., & LILIENBLUM, W. Report of the workshop on the use of human in vitro and animal data for risk assessment. Archives of Toxicology, v. 80, e. 6, p. 293-297, 2006.

HORVÁTH, L., et al. High-throughput three-dimensional bioprinting: Fundamentals, technologies, and applications. Biotechnology Advances, v. 33, e. 6, p. 1152-116, 2015.

JAIN, D., et al. In vivo bioprinting: a new frontier for biofabrication. Trends in Biotechnology, v. 33, e.12, p.746-754, 2015

KANG, H. W., et al. A 3D bioprinting system to produce human-scale tissue constructs with structural integrity. Nature Biotechnology, e. 3, v. 34, p. 312-319, 2016.

KNIGHT, A. The Costs and Benefits of Animal Experiments. Palgrave Macmillan, 2011.

LANCASTER, M. A.; KNOBLICH, J. A. Organogenesis in a dish: modeling development and disease using organoid technologies. Science, v.345, e. 6194, 2014.

LEDERBERG, J. The transformation of medicine by the penicillin group of drugs. Perspectives in Biology and Medicine, v. 43, e. 2, p.131-142, 2000.

LEIST, M., HARTUNG, T., & NICOTERA, P. The dawning of a new age of toxicology. Towards human biology-based approaches. Nature Reviews Drug Discovery, v. 7, e. 12, p. 961-968, 2008.

LIEBSCH, M., GRUNE, B., SEILER, A. et al. Alternatives to animal testing: current status and future perspectives. Arch Toxicol, v. 85, p. 841-858, 2011.

MANDRYCKY, C.; WANG, Z.; KIM, K.; KIM, D. H. 3D bioprinting for engineering complex tissues. Biotechnology Advances. v.34, e.4, p.422-434, 2016.

MURPHY, S. V.; ATALA, A. 3D bioprinting of tissues and organs. Nature Biotechnology, e. 8, v. 32, p. 773-785, 2014.

NGUYEN, D., et al. Biomimetic model to reconstitute angiogenic sprouting morphogenesis in vitro. Proceedings of the National Academy of Sciences, v.113, e. 44, p.12223-12228, 2016.

NIH. Cost to Develop and Win Marketing Approval for a New Drug Is $2.6 Billion. Retrieved from NIH Website, 2016.

POUND, P.; RITSKES-HOITINGA, M. Is it possible to overcome issues of external validity in preclinical animal research? Why most animal models are bound to fail. Journal of Translational Medicine, e.1, v.16, p.304, 2018.

SCHATZMAYR H.G.; MÜLLER C.A. As interfaces da bioética nas pesquisas com seres humanos e animais com a biossegurança. Ciênc Vet Tróp, e.1 Suppl , v.11, p.130-134, 2008

TWINE, R. Animals as Biotechnology: Ethics, Sustainability and Critical Animal Studies. Lancaster University, UK: Routledge, 2010.

WONG, C. H.; SIAH, K. W.; LO, A. W. Estimation of clinical trial success rates and related parameters. Biostatistics. v. 20, e.2, p. 273-286, 2019.

CAPÍTULO 3 | APRENDIZAGEM BASEADA EM PROBLEMA NO ENSINO SUPERIOR: RELATO DE EXPERIÊNCIA COM AUTOMAÇÃO E ROBÓTICA

Maicon A. Sartin
Tales Nereu Bogoni

RESUMO

Este capítulo tem como objetivo um relato de experiência na aplicação de projetos de automação e robótica educacional para o auxílio e a busca do ensino e da aprendizagem nos cursos de graduação nas áreas de ciências exatas e engenharias. A componente curricular ofertada contém características, conceitos e habilidades relacionadas com: eletricidade, diferença de potencial, corrente, sensores, atuadores entre outros. Na atualidade, o ensino superior tem revelado uma diversidade de metodologias ativas e inovadoras para os cursos de graduação em engenharias e tecnologias. As metodologias ativas trazem uma perspectiva de protagonistas aos estudantes, provocando o interesse e a curiosidade nos estudos, na ciência e na pesquisa. A proposta aborda uma metodologia baseada em problema (PBL, do inglês *problem-based learning*) colocando o estudante com a responsabilidade de criar suas próprias soluções de forma prática e exploratória. No planejamento da metodologia contém diversas atividades ao longo da disciplina para validação de conceitos parciais, e ao final, os estudantes apresentam e implementam atividades de automação e competição de robótica.

Palavras chaves: METODOLOGIA ATIVA. ROBÓTICA. PBL. AUTOMAÇÃO

1. INTRODUÇÃO

Atualmente, na maioria dos países, o desenvolvimento econômico e social é baseado nos avanços tecnológicos. Em países subdesenvolvidos, a tecnologia dificilmente é adotada em escolas ou até mesmo em universidades públicas de maneira adequada com todos os componentes básicos. Para a introdução da tecnologia na educação, não basta apenas comprar os equipamentos para determinado local, é necessário criar uma metodologia de estudo com três componentes básicos: a infraestrutura, a metodologia de ensino e o profissional especializado.

A infraestrutura deverá ter os equipamentos tecnológicos e um ambiente adequado. No ambiente é necessária uma organização eficiente para o funcionamento correto dos equipamentos, a acomodação dos estudantes e dos equipamentos, além de um mobiliário específico para as atividades. Muitas vezes, os equipamentos tecnológicos são dispostos em uma sala inadequada e acabam se tornando subutilizados pela
falta de infraestrutura (condicionamento climático, elétrico, mobiliário ou ferramentas inexistentes).

A metodologia de ensino visa o aprendizado específico de determinado conhecimento a partir de atividades, principalmente em grupos, baseadas em problemas reais. O profissional especializado auxiliará na elaboração e acompanhamento das atividades ou no treinamento dos professores para o uso dos equipamentos tecnológicos para o ensino de cada disciplina. Além disso, o profissional deve adotar metodologias baseadas em projetos para o desenvolvimento das diversas outras habilidades.

As metodologias ativas pretendem levar os conhecimentos aos acadêmicos e incentivá-los na busca pelo conhecimento na realização de projetos baseados em problemas reais do seu dia a dia. As perspectivas das metodologias baseados em problemas (do inglês, *Problem Based Learning* - PBL) visam melhorar a formação pedagógica dos estudantes, bem como motivá-los a seguirem seus estudos nas áreas de engenharia e ciências exatas e da terra. O PBL movimenta uma efetiva transformação nas metodologias de ensino com o engajamento do aprendizado inovador para
complementar as formas de ensino atuais, além da inserção de multidisciplinaridade no ensino e na formação do cidadão.

Em um mundo cada vez mais digital é de suma importância que as escolas e as universidades dominem as novas Tecnologias de Informação e Comunicação (TICs). Com isso, as instituições possam atingir seus objetivos junto aos alunos, que a cada dia, estão menos motivados pelos métodos de ensino tradicionais.

O desafio é fazer com que o aluno possa aprender "fazendo" e incorporando o conhecimento desejado em um espaço adequado de troca de ideias junto ao professor. Diversos autores comentam sobre a forma de aprender e de se expor ao conhecimento como uma descoberta do novo, com abertura ao risco, à aventura e às novas experiências, ou como FREIRE (1996) "pois ensinando se aprende e aprendendo se ensina". Neste sentido, a educação deve ser vista como um processo de descoberta, exploração e invenção, para que seja possível atingir a tão sonhada construção do conhecimento. O aprender fazendo, inspira as metodologias ativas da cultura ou do movimento maker. Tais metodologias tornam os estudantes protagonistas de seu próprio aprendizado com a intenção de despertar a curiosidade e cativar a sua atenção como propósitos absolutos no processo de ensino e na busca da aprendizagem.

1.1 Objetivo Geral

O presente capítulo propõe um relato de experiência com a metodologia baseada em problemas para o auxílio e a busca do ensino/aprendizagem nas áreas de ciências exatas e engenharias. A metodologia PBL concentra-se na elaboração e na aplicação de projetos de automação e robótica educacional em componente curricular do ensino superior para o incentivo e a popularização de formas de ensino inovadoras.

1.2 Objetivos específicos

i. Incentivar o emprego de atividade práticas fundamentados em metodologias baseadas em problemas;
ii. Incorporar diversos conceitos amparados nas áreas de ciências exatas e engenharias;
iii. Estimular a criatividade dos alunos por meio da criação de robôs e soluções automatizadas para a solução de problemas;
iv. Divulgar formas de ensino baseadas em PBL como ferramenta motivacional.

1.3 Questão/Pergunta problematizadora

Na educação básica e superior existem diversos profissionais da educação incluindo metodologias ativas em suas rotinas de trabalho. Porém, dependendo do tipo e formato da metodologia pode ter um efeito contrário nos estudantes.

Diante disso, a motivação dos estudantes no processo de ensino-aprendizagem é alterada no uso de metodologias ativas? Existe um impacto no rendimento educacional ou na integração do conhecimento no estudante?. Os questionamentos devem ser avaliados para uma verdadeira mudança de comportamento na forma de ensinar em uma sociedade cada vez mais tecnológica.

1.3 Justificativa

A CNI (Confederação Nacional da Indústria) elaborou as diretrizes para aumentar a competitividade e o crescimento do Brasil baseado em recursos humanos (CNI, 2022), às diretrizes que apresentam o Brasil no terço inferior do ranking de competitividade industrial. As diretrizes apontam a necessidade de formação sólida nas escolas, mesmo com o aumento de recursos na educação, na qualidade da educação o Brasil se posiciona no antepenúltimo lugar dos 15 países analisados. Isso tem reflexo a um problema antigo nos cursos de nível superior nas áreas de ciências exatas e engenharia, "a evasão" (BENETTI, 2024). Porém, parte do problema é compartilhado com o ensino superior não inovador e sem sofisticação tecnológica (SAKKIS, 2018). Além de diversas outras melhorias como: aprendizagem mais criativa e inovadora, experiência profissional, formação de lideranças, problemas práticos e reais do cotidiano, a utilização de laboratórios para desenvolver a visão prática e o enfrentamento de problemas concretos, despertar de posturas mais inovadoras. Por isso, o incentivo deve ser aprimorado, não apenas no ensino superior, como no ensino médio e fundamental para criar a curiosidade nos estudantes, posteriormente motivá-los a estudos mais amplos na área e na ciência.

2. METODOLOGIA

Na metodologia de pesquisa está organizado em uma abordagem qualitativa por meio de observações e relatos de experiência do próprio autor, diante de uma análise descritiva das experiências junto aos discentes do curso de Bacharelado em Sistemas de Informação da Universidade do Estado de Mato Grosso (UNEMAT).

Em relação aos procedimentos metodológicos, toma-se como base da pesquisa a consulta na literatura, a análise em um estudo de caso em uma disciplina de curso superior, bem como a percepção acadêmica em instrumentos documentais e de relatos dos discentes. Em relação aos discentes do curso de Sistemas de Informação, o objeto de análise foi em duas turmas distintas no ano de 2019.

A disciplina de “Introdução aos Microcontroladores” foi definida no Projeto Pedagógico de Curso (PPC) de 2016.

3. APRENDIZAGEM BASEADO EM PROBLEMAS

Na tentativa de aumentar o número de profissionais e incentivar os estudantes de escolas e universidades para as nas áreas de engenharias, e ciências exatas e da terra, busca-se nesta proposta o uso de tecnologia em conjunto com a metodologia baseada em projetos (PBL – Project Based Learning). O PBL aprimora a criatividade, o trabalho em grupo e as responsabilidades no desenvolvimento de cada etapa do projeto. Além da motivação, por trabalhar com problemas reais,

pode-se aprimorar outras habilidades, em Ilter (2014) e Hamalainen (2004) apresentam algumas como: Pensamento crítico e solução de problemas; Criatividade e inovação; Cooperação, trabalho em equipe e liderança;

Compreensão intercultural; Fluência na comunicação e informação; Tecnologias computacionais e de comunicação; Carreira e desenvolvimento próprio.

O aprendizado baseado em projeto é uma metodologia que envolve o desenvolvimento de novas habilidades cognitivas e de transferência de valores, não só promover conteúdos relacionados às disciplinas. Para a introdução de metodologias diferenciadas na educação é preciso encorajar profissionais e professores, na intenção de obter um ensino diversificado ao novo público de cidadãos em uma sociedade imersa em tecnologias. O aprendizado baseado em projeto permite aos estudantes o desenvolvimento de ideias e pensamentos para melhorar problemas do mundo real (Ilter, 2014).

No Brasil, o governo faz o incentivo ao uso de robótica na educação, conforme as diretrizes do "Programa Mais Educação" promovido pelo MEC (Brasil, 2021; Da Rocha et al., 2023). No projeto pretende-se trabalhar com recursos didáticos por meio de kits educacionais relacionados à robótica,

conforme as diretrizes de uso de tecnologia. Existe uma grande variedade desses kits, os dois principais são: o importado

Lego Mindstorm (Lego, 2024) e o nacional M*odelix* (Modelix, 2024). Os kits geralmente estão relacionados a uma ou mais atividades específicas. Alguns kits contém as atividades relacionadas aos projetos a serem desenvolvidos com os estudantes. Isso inclui todo o material necessário para a realização dos projetos, desde a montagem até o completo funcionamento, como a programação e manipulação dos transdutores. Os exemplos reais mais adotados são guindaste, elevador, robô, carro motorizado, garra robótica, robôs de vários tipos, fontes de energias renováveis, entre outros.

O uso da robótica, com o *Lego Mindstorm*, no ensino é uma realidade em escolas e universidades do país e do mundo (Cruz-martín et al, 2012; Benitti, 2012) (Tocháček e Lapeš, 2012). A aplicação deste tipo de tecnologia busca aprimorar os conhecimentos no ensino de matemática, física, mecânica, raciocínio lógico, automação e controle, algoritmos, entre outros. Os autores em Cruz-Martín et al (2012), apresentam formas de inserção do kit *Lego Mindstorm* em universidades com aprimoramento de conhecimento prático em diversas disciplinas como aquisição de dados, sistemas de controle e tempo real. Os autores apresentam diversos benefícios com a

inserção da tecnologia como o aumento nos ingressos dos cursos de engenharia e ciência da computação, na frequência dos estudantes nas disciplinas, no conhecimento adquirido e na motivação dos estudantes.

A forma de aprendizagem com a robótica é realizada em confronto com objetos da realidade, isso traz um nível de abstração menor para o aprendizado. Na inserção da robótica, o estudante da educação básica adquire conhecimentos em áreas (ou assuntos) específicos e habilidades como apresentado em Benitti (2012):

i. Conhecimento em áreas específicas: matemática, lógica e programação de computadores, conceitos geoespaciais, princípios básicos da evolução, física, sistemas;

ii. Habilidades: habilidades do pensamento (observação, estimação e manipulação), habilidades de processos científicos (Avaliação da solução, geração e teste de hipóteses e controle de variáveis),

interações sociais, abordagens para solução de problemas, trabalho em equipe, organização e planejamento de projetos.

Os kits educacionais contêm vários recursos para facilitar o emprego dos recursos pelos professores ou profissionais especializados. O *kit Lego Mindstorm* tem o seu uso comprovado em escolas e universidades, porém, os kits geralmente são proprietários e tem um alto custo de aquisição. Além dos kits educacionais, existe a possibilidade de construção dos seus próprios kits, por exemplo, com o uso da plataforma arduino (Arduino, 2024). Para isso, é necessário a aquisição dos dispositivos microcontrolados e diversos módulos (shields) extras para efetuar a construção do seu próprio kit. Muitas vezes, a construção do kit pode demorar, dependendo do projeto, tornando inviável a implementação e toda a construção, por exemplo, com os estudantes de escolas. Porém, em universidades espera-se dos estudantes uma autonomia maior e um aprendizado mais abrangente na programação de microcontroladores, na utilização de transdutores, na aquisição de dados, entre outros.

A inserção da metodologia PBL em conjunto com a robótica permite aos estudantes um ensino diferenciado e atual. Essa metodologia traz atividades investigativas, com desenvolvimento de estruturas cognitivas e a construção do conhecimento de acordo com as perspectivas de Piaget (Ilter, 2014; Tocháček et al., 2012). Diversos autores comentam sobre a metodologia
PBL no ensino básico e superior, algumas etapas do processo são comuns na maioria dos autores (LeaL et al., 2027; Freitas, 2022). A Figura 1 ilustra as principais etapas a serem investigadas na adoção da metodologia PBL.

4. ANÁLISE DA PROPOSTA METODOLÓGICA

Nesse relato de experiência foi definida a disciplina de Introdução aos microcontroladores como objeto de estudo da aplicação da metodologia PBL.

A disciplina foi baseada em um Projeto Pedagógico de Curso (PPC) de 2014 e implementado também a partir de 2016. A ementa encontrava-se defasada com os anos, e continha até mesmo conteúdos
de interfaces "seriais e Paralelas", a seguir sua definição completa:

i. Microprocessadores e Microcontroladores; Arquiteturas de Microcontroladores; Organização de Memórias e Registradores; Interfaceamento de Entrada/Saída; Contadores e Temporizadores; Portas Paralela e Serial; Programação De Microcontroladores; Aplicações.

Figura 1. Metodologia PBL.

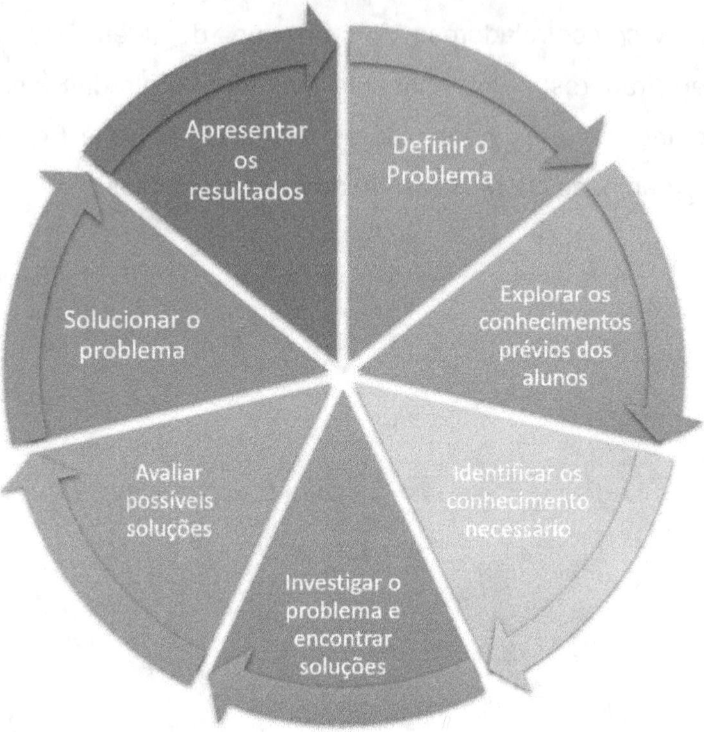

Fonte: Adaptado de (Leal et al.,2017; Freitas, 2022)

Em frente ao diagnóstico defasado das definições básicas da disciplina, com uma discussão junto à coordenação e colegiado de curso, vislumbrou-se uma necessidade real de estudantes e profissionais da região. Assim, definiu-se um conteúdo programático voltado em sua maioria aos créditos práticos. Com a inserção de metodologia PBL, ficou estabelecido os conhecimentos e habilidades da disciplina de acordo com a Tabela 1.

Uma grande variedade de habilidades, equipamentos, sensores e atuadores estavam disponíveis aos estudantes. Em cada aula buscava-se novos equipamentos e contextos de trabalho para não desmotivar os estudantes. Essa dinâmica e a surpresa em cada aula traz fidelidade ao estudante no comparecimento às aulas.

Uma evidência importante nesse comprometimento dos alunos está na porcentagem de alunos com frequência igual ou acima de 90%. Nas turmas analisadas de Introdução aos Microcontroladores (IM) em 2019/1 aproximadamente 77%, já em 2019/2 foram 63% dos alunos que tiveram frequência igual ou acima de 90%. Considerando que no ano anterior, o curso teve uma mudança de campus, na mesma cidade. Com isso, surgiram vários fatores externos como problemas com transporte, distância maior do centro da cidade, gastos, entre outros; essa diversidade de fatores prejudicaram a presença de alunos na universidade, mesmo assim, consideramos um comprometimento acima da média dos estudantes.

Tabela 1. Descrição dos conhecimentos e habilidades.

Conhecimento e Habilidades	**Teórico**	**Prático**	**Avaliativo**
Introdução aos Microcontroladores (MCU)	X		
Arquitetura dos MCUs	X		
Sinais - Analógico e Digital	X		
IDE e Plataforma		X	
Fundamentos de Programação		X	X
Entradas e Saídas (E/S) Digitais	X	X	X
Entradas e Saídas (E/S) Analógicas	X	X	X
Tipos de Sensores (Resistivo, Capacitivo, Ópticos, etc)	X	X	X
Bibliotecas para Transdutores		X	X
Interrupções, Contadores, Debounce, etc	X	X	X
Fundamentos de Matemática, Física, Química, etc	X	X	X
Display De Cristal Líquido (LCD)		X	X
Tipos de Comunicação em Sistemas MCU (I2C, UART, SPI)	X	X	X
Atuadores: Motores de Corrente Contínua, Servo e Passo	X	X	X
Chassi robótico e diversos transdutores		X	
Máquina de Estados Finita	X	X	
Análise de Projeto Robótico e inclusão de Sensor Ultrassônico	X	X	

Fonte: Própria (2024)

No que se refere às avaliações dos estudantes, empregou-se uma metodologia avaliativa qualitativa com atividades totalmente práticas e entrega de soluções para variadas exigências ao longo da disciplina. Na avaliação qualitativa determinou-se a entrega de diversos requisitos exigidos em cada atividade, com a presença de um total de 4 avaliações na disciplina. As avaliações 1, 2 e 3 foram realizadas com grupos menores de duas ou três pessoas.

Na última avaliação foi com no máximo de 5 pessoas, a descrição básica dos requisitos de cada avaliação foi definida da seguinte forma:

1. Atividade 1 - E/S Analógicas e Digitais
2. Atividade 2 - Bibliotecas, LCD e Transdutores
3. Atividade 3 - Cinco desafios com as habilidades e os conhecimentos adquiridos até esse momento.
4. Atividade 4 - Trabalho com uma temática livre com requisitos de desenvolvimento.

As três primeiras atividades foram definidas conforme as necessidades de tópicos exigidos pela formação profissional e com base nas exigências do PPC do curso, assim, quase a maioria das habilidades e conhecimentos da Tabela 1 foram investigados, exceto voltado ao projeto robótico. A última atividade é mais objetiva em relação a formação de habilidades como criatividade, adaptação e experiência com a sociedade.

Entre as três primeiras atividades e a quarta, os alunos analisaram um chassi robótico com diversos sensores e atuadores, descrito na Tabela 1 e ilustrado na

Figura 2. Quatro chassis robóticos foram disponibilizados para competições entre os grupos de alunos. Essas atividades de sala de aula tinham a intenção de valor formativo e somativo aos estudantes para complementarem seus estudos, e tornarem-os aptos para solucionar problemas de complexidade maior como preparação para a última atividade.

Figura 2. Exemplos de Chassis Robóticos.

Fonte: Autores

A última atividade visa a atender fortemente os princípios base da metodologia PBL. Os trabalhos desenvolvidos direcionam os estudantes ao uso dos conhecimentos e habilidades adquiridos ao longo da disciplina, bem como a sua relação com a sociedade intensificando a criatividade com problemas reais ou cotidianos. Para exemplificar a variedade de alguns trabalhos expostos, nas duas turmas, nesta última atividade foram:

i. Ar-Condicionado Inteligente;
ii. Berço automatizado;
iii. Casa Inteligente;
iv. Estação meteorológica;
v. Robô R2-D2 com estabilização e desvio de obstáculos;
vi. Semáforo Inteligente.

A exposição dos trabalhos em sua maioria tinha maquetes dos ambientes reais, demonstrando a dinâmica dos experimentos e a interface com o mundo real.

4.2 Reflexões em relação a disciplina

A inserção da metodologia PBL em conjunto com a robótica pode trazer diversos benefícios ao longo da vida acadêmica do estudante de ensino superior nas áreas de engenharias e ciências exatas. As experiências obtidas com as disciplinas ministradas ao longo de 2019 mostraram uma postura diferente nos estudantes por parte da motivação, perseverança, comprometimento e pertencimento.

Considerando as disciplinas da fase 6 do curso de Bacharelado em Sistemas de Informação, no qual, os estudantes encontram-se com uma experiência universitária consolidada e com uma menor variação principalmente na evasão ou desistência de disciplinas. As disciplinas da fase 6 do curso foram definidas na observação, são: Desenvolvimento de Sistemas Web (WEB), Desenvolvimento de *Software* para Dispositivos Móveis (MOVE), Empreendedorismo e Ética (EE), Introdução aos Microcontroladores (IM), Sistemas Distribuídos (DIST), Trabalho de Conclusão de Curso I (TCCI).

As disciplinas verificadas nos semestres de 2019/1 e 2019/2 foram elencadas com seus percentuais de aprovação e reprovação em duas turmas de cada disciplina. Na Tabela 2, podemos observar uma leve variação nos percentuais em algumas disciplinas com desistência (reprovação por falta (REPF)) e descomprometimento (reprovação por nota (REP)) por parte dos estudantes.

Os componentes curriculares na mesma fase tiveram desempenho semelhante entre as aprovações e reprovações, conforme Figura 3. Nota-se uma desistência baixa em porcentagem na maioria das disciplinas, próximos a média das duas turmas. Com exceção, as disciplinas de WEB e TCCI com percentuais acima de 20% de reprovação. O componente curricular de Desenvolvimento Web, mesmo com carga horária prática alta, teve uma porcentagem superior a 20% no número de reprovações. Já o componente curricular de TCC I teve o maior número de reprovações e desistências (reprovações por falta).

Nas turmas relatadas, antes da pandemia, observa-se a dificuldade dos estudantes nas disciplinas de TCC quando é necessária uma atuação ativa por parte dos estudantes. Diante da porcentagem de reprovações, surgem diversos questionamentos sobre a relação do desenvolvimento do TCC como: a participação ativa dos estudantes nas disciplinas teve correlação com as reprovações? e na desistência dos estudantes de TCC?. Esses questionamentos têm relação direta com o formato das metodologias de ensino e aprendizagem nas disciplinas e no curso?

Tabela 2. Percentuais de estudantes aprovados e reprovados.

TURMA	APR	REP	REPF
2019_1_WEB	73,3%	0,0%	26,7%
2019_2_WEB	80,0%	0,0%	20,0%
2019_1_MOVE	100,0%	0,0%	0,0%
2019_2_MOVE	86,7%	6,7%	6,7%
2019_1_EE	86,7%	6,7%	6,7%
2019_2_EE	89,7%	0,0%	10,3%
2019_1_IM	88,9%	0,0%	11,1%
2019_2_IM	84,2%	10,5%	5,3%
2019_1_DIST	91,7%	0,0%	8,3%
2019_2_DIST	94,1%	0,0%	5,9%
2019_1_TCCI	28,6%	57,1%	14,3%
2019_2_TCCI	44,4%	27,8%	27,8%
Média	79,0%	9,1%	11,9%

Fonte: Autores

Ao longo da disciplina de IM pode-se notar um comportamento diferente dos estudantes na relação professor-aluno. Em diversas aulas tiveram estudantes fechando a sala de aula e auxiliando o professor no armazenamento dos equipamentos. Essas situações dificilmente acontecem em outras disciplinas com um número grande de estudantes da disciplina com este tipo de comportamento. Geralmente acontecem com poucos estudantes, e nos momentos com algum conteúdo de interesse do mesmo seja pessoal ou profissional. Então, a relação professor-aluno é fortalecida em determinadas disciplinas, principalmente quando o docente não é o foco principal na maioria do tempo.

Figura 3. Percentuais de estudantes aprovados e reprovados em

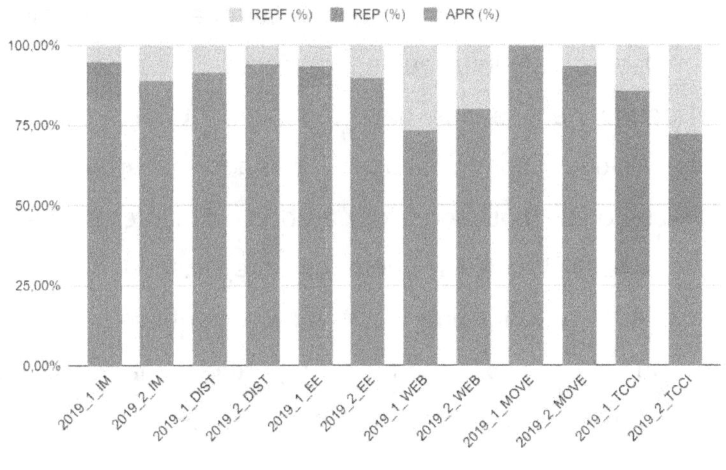

diversas disciplinas.

Fonte: Própria (2024)

5. CONSIDERAÇÕES FINAIS

Neste capítulo realizou-se uma experiência de introdução de metodologias ativas PBL no ensino superior viável para diversos tipos de cursos de áreas das ciências exatas e engenharias. Tais metodologias, norteiam os estudantes como protagonistas de seu próprio aprendizado em uma sociedade com uma dificuldade cada vez maior em cativar a atenção das pessoas.

Diversos benefícios podem ser elencados na busca do ensino e do aprendizado com a estruturação e a consolidação de unidades, definindo cuidadosamente os conhecimentos e habilidades necessárias para formação do profissional e o curso em foco. O principal benefício é a formação profissional, bem como a motivação de ambos, docente e discente, durante essa trajetória. Além de despertar o interesse, a curiosidade, o conhecimento técnico e científico, a pesquisa, entre outros; são extremamente importantes na formação do cidadão, mas dificilmente são mensurados nas estatísticas das disciplinas.

Um fator importante, e muitas vezes não destacado, é a relação pessoal entre docente e discente, bem como o comprometimento, empenho e engajamento dos estudantes na disciplina, ou seja, o protagonismo discente e a autonomia no aprendizado orientado.

6. REFERÊNCIAS

ARDUINO. What is arduino?. Disponível em: https://www.arduino.cc/. Acesso em: 18 Abr. 2024.

BENETTI, Estela. Presidente do CNE alerta sobre evasão de quase 70% dos alunos de engenharia: Conselho Nacional de Educação (CNE) realiza reunião em Florianópolis para ouvir demandas regionais. 2024. Disponível em: https://www.nsctotal.com.br/colunistas/estela-benetti/presidente-do-cne-alerta-sobre-evasao-de-quase-70-dos-alunos-de-engenharia#:~:text=No%20entanto%2C%20n%C3%B3s%20temos%20quase,h%C3%A1%20uma%20diferen%C3%A7a%20de%2075%25. Acesso em: 18 Abr. 2024.

BENITTI, F. B. V. Exploring the educational potential of robotics in schools: A systematic review. Computers & Education, Amsterdam, v. 58, n. 3, p. 978-988, 2012.

BRASIL. Ministério da Ciência, Tecnologia e Inovação. MEC lança programa que vai levar laboratórios de tecnologia a professores. Brasília, DF: Ministério da Ciência, Tecnologia e Inovação, 2021. Disponível em: https://www.gov.br/ pt-br/noticias/educacao-e-pesquisa/2021/10/mec-lanca-programa-que-vai-levar-laboratorios-de-tecnologia-a-professores. Acesso em: 10 Abr. 2024.

BRASIL. Ministério da Ciência, Tecnologia e Inovação. Programa Mais Educação: Passo a passo. Brasília, DF: Ministério da Ciência, Tecnologia e Inovação. 2011.Disponível em:http://portal.mec.gov.br/index.php?option=com_docman&view=download&alias=8145-e-passo-a-passo-mais-educacao-pdf&Itemid=30192. Acesso em: 10 Abr. 2024.

CNI - Confederação Nacional da Indústria. Competitividade Brasil 2021-2022. – Brasília : CNI, 2022.

CRUZ-MARTÍN, Ana, et al. A LEGO Mindstorms NXT approach for teaching at data acquisition, control systems engineering and real-time systems undergraduate courses. Computers & Education. v. 59. n. 3, p. 974-988. 2012.

DA ROCHA, E. P. et al.. A Robótica na Educação Básica: Perspectivas Curriculares e Qualidade de Ensino", *REVISTA FOCO*, 16(9), p. e3058. doi: 10.54751/revistafoco.v.16. n. 9. p.054. 2023.

FREIRE, Paulo. Pedagogia da autonomia: saberes necessários à prática educativa. São Paulo: Paz e Terra, 1996.

FREITAS, João Paulo Nogueira de Castro. Introdução à programação e à robótica educativa no ensino básico através da metodologia de aprendizagem baseada em problemas. PhD Thesis. 2022.

HAMALAINEN, Wilhelmiina. Problem-based learning of theoretical computer science. 34th Annual Frontiers in Education, 2004.

ILTER, İlhan. A study on the efficacy of project-based learning approach on Social Studies Education: Conceptual achievement and academic motivation. Educational Research and Reviews n. 9.v. 15. p. 487. 2014.

LEAL, Edvalda, A. et al. Revolucionando a Sala de Aula. Disponível em: Minha Biblioteca, Grupo GEN, 2017.

LEGO. Lego Mindstorms. Disponível em: https://www.legostore.com.br/temas/mindstorms%C2%AE. Acesso em: 18 Abr. 2024.

MODELIX. A Primeira e Maior Fabricante de Robótica para Escolas do Brasil. Disponível em: https://www.modelix.com.br/. Acesso em: 18 Abr. 2024.

SAKKIS, Ariadne. Modernização do ensino de engenharias é crucial para avanço tecnológico brasileiro: País depende de melhorias para ganhar competitividade em um mercado global cada vez mais pautado pela sofisticação tecnológica. 2018. Disponível em: https://noticias.portaldaindustria.com.br/noticias/inovacao-e-tecnologia/modernizacao-do-ensino-de-engenharias-e-crucial-para-avanco-tecnologico-brasileiro-diz-cni/. Acesso em: 18 Abr. 2024.

TOCHÁČEK, Daniel; LAPEŠ, Jakub. The project of integration the educational robotics into the training programme of future ICT teachers. Procedia-Social and Behavioral Sciences. v. 69. p. 595-599. 2012.

CAPÍTULO 4 | GESTÃO DE PROCESSOS AUTOMATIZADOS: APLICAÇÃO DE METODOLOGIAS DE PROCESSOS ÁGEIS

Leticia E. de Oliveira
Maicon A. Sartin

RESUMO

A adoção de metodologias ágeis e da automatização de processos em organizações é um meio essencial para aprimorar a gestão de recursos humanos. Essas abordagens modernas representam uma mudança significativa na forma como as organizações e as instituições lidam com seus processos administrativos e tecnológicos. Ao focar na colaboração, entrega contínua de valor e capacidade de adaptação às mudanças, as metodologias ágeis permitem uma administração mais eficiente. O presente trabalho propõe apresentar uma metodologia ágil para automatização de processos na organização do agendamento de bancas de trabalhos de conclusão de curso em instituições de ensino. No estudo de caso pretende-se analisar a forma de gestão atual e verificar possíveis mudanças com a implantação de uma ferramenta de Workflow, com o intuito de automatizar o processo e tornar mais eficiente a gestão de tempo dos membros de bancas. O Power Apps foi utilizado para automatizar o processo de agendamento de bancas de TCC.

Palavras chaves: METODOLOGIA ÁGIL. WORKFLOW. AUTOMATIZAÇÃO DE PROCESSOS

1. INTRODUÇÃO

Metodologia ágil é uma abordagem iterativa e incremental para o desenvolvimento de processos que enfatiza a colaboração entre os membros da equipe, a entrega contínua de valor e a capacidade de responder rapidamente às mudanças no ambiente de negócios. Diferente dos métodos tradicionais de administração de processos, as metodologias ágeis valorizam a comunicação constante com os membros da equipe (Sbrocco & Macedo, 2012).

As metodologias ágeis foram desenvolvidas na década de 90 e desde então se tornaram cada vez mais populares em todo o mundo. Empresas de software, startups e organizações em outras áreas, como marketing e gestão de administração pública, também começaram a adotar os princípios ágeis para melhorar sua eficiência e eficácia (Sbrocco & Macedo, 2012).

A eficiência e eficácia dos processos são diretamente ligadas com o uso inteligente dos métodos ágeis e ferramentas de automação de Workflow, já que ambas têm como objetivo otimizar a gestão. As metodologias ágeis oferecem uma abordagem estruturada para a gestão, enquanto as ferramentas de automação de Workflow fornecem recursos para a execução automatizada de tarefas e processos. Juntas, essas soluções podem ajudar as organizações a trabalharem de forma centralizada e ágil (Valle & Oliveira, 2013).

O uso de ferramentas de automação de Workflow pode ajudar na centralização e automatização dos processos, tornando o gerenciamento de tarefas e projetos eficientes. A ferramenta de automação de Workflow permite criar e organizar as tarefas e projetos, definir prazos e prioridades, acompanhar o progresso e automatizar processos (Valle & Oliveira, 2013).

A gestão de processos automatizados e centralizados na gestão pública pode trazer diversos benefícios, como a redução de custos, aumento da eficiência e transparência, melhor qualidade dos serviços prestados, dentre outros. No entanto, existem alguns desafios que podem dificultar a implementação desses processos, tais como: resistência à mudança, falta de investimento em tecnologia, complexidade da legislação, necessidade de integração entre sistemas e segurança da informação (VallE & Oliveira, 2013).

A transformação digital é evidente em todos os setores do negócio, seja privado ou público, a maneira como é lidado com o fluxo de administração de um processo demonstra sua eficiência sobre a entrega final. As organizações estão mudando a forma de gerenciar seus processos e adotando medidas ágeis para apoiar nessa transformação.

1.1 Objetivo Geral

O presente capítulo propõe implementar uma metodologia ágil de acordo com o real cenário de um processo de organização e agendamento de bancas de trabalhos de conclusão de curso (TCC) com o intuito de melhorar a administração dos recursos humanos.

1.2 Objetivos específicos

i) Viabilizar o uso de metodologias ágeis na administração pública;

ii) Selecionar e automatizar um processo da administração pública por meio de ferramentas digitais;

iii) Analisar uma forma de centralizar processos em uma ferramenta de Workflow.

1.3 Questão/Pergunta problematizadora

A problemática central da pesquisa envolve, a mudança da gestão para metodologia ágil será possível e aceita? Terá insumos suficientes para aplicar a mudança?. Seja na administração pública ou privada, os gestores, os funcionários e os recursos disponíveis podem ser restrições ao emprego das metodologias ágeis.

1.3 Justificativa

Diversos estudos apontam que nos locais cujos profissionais aplicam metodologias ágeis no cotidiano conseguem desempenhar com maior facilidade as atividades e centralizar as informações (Kropp, 2020). A metodologia ágil propõe uma abordagem inovadora para a gestão de processos. Um fator de suma importância é o destaque para o relacionamento humano, um diferencial em relação com os métodos tradicionais. (Turner & Boehm, 2003).

Uma das principais características dessa abordagem é a dinâmica dos membros da equipe, que trabalham juntos para alcançar um objetivo comum. A comunicação é uma parte fundamental do processo, com reuniões frequentes para garantir que todos estejam alinhados e cientes dos próximos passos (Sato, 2019).

2. METODOLOGIA

O método de pesquisa experimental foi escolhido para direcionar a metodologia da pesquisa na Faculdade

de Ciências Exatas e Tecnológicas, com o objetivo de aplicar um estudo controlado para testar hipóteses, validar soluções e comparar diferentes abordagens relacionadas à automação de processos. Nesse contexto, a pesquisa experimental desempenha um papel fundamental no avanço e na coleta de dados, proporcionando evidências empíricas que contribuem para o desenvolvimento do projeto (Gil, 2008).

A aplicação da metodologia ágil será dividida em cinco etapas. (I) Estudo e prática das ferramentas apresentadas, (II) Mapear um processo que é realizado pela Faculdade de Ciências Exatas e Tecnológicas, entender o fluxo e os principais impactados, (III) Analisar uma forma de automatizar e centralizar o processo mapeado, (IV) Implantar uma ferramenta de automação, (V) Discutir e analisar os resultados da implementação.

3. ESTUDOS ANTERIORES

No contexto de automação de processos, diversos estudos correlatos merecem destaque. Em sua pesquisa, Pontizelli (2022) concentrou-se no agendamento de cargas, visando controlar a entrada e saída de produtos e materiais nas

empresas, com o objetivo de garantir um fluxo eficiente de carga e descarga. Para atingir tal finalidade, ele empregou uma abordagem que uniu duas tecnologias distintas: o *Robotic Process Automation (RPA)* e o desenvolvimento no *Power Apps*. Isso resultou na automação das atividades, aumentando a eficiência do processo, além de padronizar a coleta e a apresentação dos dados e relatórios.

De maneira semelhante, a autora Nunes (2014) em seu estudo propôs uma análise visando otimizar os procedimentos de agendamento hospitalar, consultas e exames em uma instituição hospitalar pública. Ela optou por documentar tanto os processos de trabalho existentes quanto os processos de trabalho propostos, empregando a notação *Business Process Model and Notation* (BPMN) para essa finalidade. Esse trabalho ilustra a relevância da documentação de processos, uma vez que permitiu à autora demonstrar que é possível avaliar as operações de trabalho e mensurar o impacto das modificações sob duas perspectivas distintas: a otimização do processo em si e os benefícios que a instituição colhe a partir dessa otimização.

3.1 Processos de Negócios

Um processo de negócio pode ser definido como um conjunto de atividades interconectadas que visam alcançar um objetivo específico dentro de uma organização. Essas atividades podem incluir tarefas manuais, automáticas ou uma combinação de ambas, e geralmente envolvem a participação de várias pessoas ou departamentos em uma sequência lógica de eventos. O objetivo de um processo de negócio é criar valor para o cliente, fornecer produtos ou serviços de qualidade e eficientes, aumentar a produtividade e a lucratividade da organização, além de fornecer informações úteis para a tomada de decisão (Tadeu, 2014).

Um processo de negócio pode ser formalmente documentado, mapeado e medido para melhorar sua eficiência ao longo do tempo. Essa documentação pode incluir a descrição detalhada das atividades, os responsáveis por cada tarefa, os prazos e as métricas de desempenho utilizadas para medir o sucesso do processo (Sbrocco, 2012).

Processos de negócios são sequências de atividades inter-relacionadas, executadas por uma empresa ou organização, com o objetivo de alcançar um resultado específico. Eles descrevem como o trabalho é realizado dentro de uma organização. Para o fluxo de um processo centralizado e eficaz é importante serem definidos alguns tópicos para que haja uma verdadeira gestão de como entender a modelagem do negócio, o ambiente, a gestão e a organização (Tadeu, 2014).

A modelagem de processos é um método para visualizar, analisar e melhorar os processos de negócios. Ele ajuda a entender como os processos são executados e identifica oportunidades para melhorias, como redução de tempo, redução de custos, melhoria da qualidade e aumento

da satisfação do cliente. A modelagem de processos geralmente é realizada por meio de diagramas de fluxo de processo e outras ferramentas visuais (Valle, 2013). O ambiente de negócios refere-se ao contexto em que uma organização opera, incluindo fatores internos e externos. Os fatores internos incluem a cultura da empresa, recursos humanos, estratégias de
negócios e infraestrutura tecnológica. Já os fatores externos incluem fatores macroeconômicos, regulamentações governamentais, concorrência e tendências do mercado (Cruz, 2015).

A gestão e organização de processos de negócios é fundamental para garantir que a empresa opere de
forma efetiva. Isso envolve a definição de objetivos claros e estratégias de negócios, a implementação de processos eficientes e a alocação adequada de recursos para alcançar esses objetivos. Também inclui o monitoramento contínuo dos processos de negócios para identificar áreas que precisam de melhoria e ajustar as operações de acordo com as mudanças no ambiente de negócios (Cruz, 2015).

3.2 Métricas de Tecnologias para Processos

Nesta seção, serão descritas algumas tecnologias que auxiliam a implementação da modelagem e centralização de processos de negócio.

O *Business Process Management* (BPM), ou Gestão de Processos de Negócio, representa uma abordagem metodológica essencial que busca otimizar e aprimorar os processos dentro de uma organização, com o propósito de aumentar sua eficácia e capacidade de adaptação às mudanças do ambiente de negócios. No âmbito dessa abordagem, os processos de negócio são cuidadosamente identificados e documentados, compreendendo detalhadamente as atividades, os fluxos, as entradas, as saídas e os recursos envolvidos em cada processo (Baldam, 2014).

O *Business Process Model and Notation* (BPMN) é uma notação gráfica utilizada para modelar processos de negócio. Essa notação oferece uma representação visual padronizada que simplifica a compreensão e a comunicação dos processos entre as partes interessadas. Ele é composto por elementos gráficos que representam atividades, eventos, gateways, fluxos de sequência e outros conceitos essenciais relacionados aos processos (Rocha, Barreto & Affonso, 2017).

Dentro do contexto do BPMN, as atividades desempenham um papel fundamental ao representar as

ações ou tarefas executadas. No diagrama, essas atividades são representadas no formato de retângulo, destacando as etapas necessárias para realizar uma
função específica no fluxo de trabalho. Vale ressaltar que as atividades podem ser de dois tipos principais: manuais, executadas por indivíduos, ou automáticas, executadas por sistemas (Esesp, 2019).

Essa diferenciação é crucial para compreender como os processos são executados e como a automação pode ser integrada para otimizar as operações.

Por fim, o *Business Process Management System* (BPMS) é um sistema de gerenciamento de processos de negócio que fornece uma plataforma tecnológica dedicada à modelagem, automação, execução e monitoramento de fluxos de trabalho. Sua finalidade é auxiliar as organizações no controle e na otimização de seus processos, com o intuito de aprimorar a eficiência, a produtividade e a agilidade (Mello & Pessôa, 2012).

O BPMS é representado como uma ferramenta, no qual, permite às organizações traduzirem suas estratégias em ações eficazes, proporcionando uma gestão mais eficiente de seus processos de negócio. Com sua capacidade de automatizar tarefas, definir regras de negócio, facilitar a colaboração entre equipes e monitorar o desempenho em tempo real, o BPMS desempenha um papel crítico na busca por excelência operacional e no alcance de metas organizacionais (Mello & Pessôa, 2012).

4. ANÁLISES, REFLEXÕES, RESULTADOS, CRÍTICAS

Conforme mencionado no início deste capítulo, o presente estudo tem como objetivo analisar a centralização do processo de agendamento de bancas na Faculdade de Ciências Exatas e Tecnológicas, uma instituição pública que já possui suas próprias regras e alinhamentos estabelecidos. Para essa análise, adotamos o método de pesquisa experimental, no qual investigamos e mapeamos o processo de agendamento de bancas.

O processo foi mapeado com o objetivo de facilitar e centralizar as informações, considerando a importância de uma ferramenta de automação de fácil manuseio, que fosse familiar aos docentes. O mapeamento resultou na seguinte sequência de etapas: Início: O processo se inicia com o preenchimento das solicitações, onde estão disponíveis os horários de agendamento das bancas, os nomes dos convidados, os dados dos discentes, o local, a data e a hora desejados.

4.1 Estudo de Caso: Agendamento com Power Apps

O Power Apps, é uma plataforma de desenvolvimento utilizando o método de low code, oferece uma gama de aplicativos, serviços e conectores fornecidos pela Microsoft.

Destaca-se pela sua robustez e facilidade de aplicação, sendo uma escolha ideal para aqueles que buscam agilidade e eficiência em seus processos de *workflow*.

Uma das vantagens do Power Apps é a sua versatilidade, com opções de desenvolvimento tanto para dispositivos móveis quanto para desktops, o que garante acessibilidade aos usuários em diferentes contextos. Além disso, a plataforma permite a criação de componentes e personalização, incluindo estudos de cores e elementos que podem ser implantados de acordo com as necessidades específicas de cada negócio.

Com o Power Apps, as organizações podem otimizar seus fluxos de trabalho de forma intuitiva e adaptável, aproveitando ao máximo as ferramentas disponíveis para impulsionar a produtividade e a inovação.

A pesquisa teve seu início com a análise, utilizando a metodologia 5W2H. Essa abordagem nos possibilitou explorar questões essenciais ao centralizar um processo, respondendo perguntas como "Onde? Quando? Por quê? Quem? Como?...". Esses questionamentos fundamentais desempenharam um papel crucial na compreensão dos diversos aspectos envolvidos no processo. Após identificarmos e detalharmos todos os pontos significativos, procedemos à criação do fluxograma no software Camunda, conforme ilustrado na Figura 1. Ou seja, este fluxograma representa visualmente o processo, permitindo uma compreensão mais clara de suas etapas e interações.

Após o mapeamento do processo via BPMS e BPMN, seguimos para o desenvolvimento da interface do usuário, foram estabelecidos os seguintes campos essenciais: participantes, assunto, data, tempo disponível para a banca e mensagem.

O sistema de agendamento foi conduzido em um ambiente corporativo do Office 365, que proporciona uma integração completa com o Outlook. Nesse ambiente, conseguimos realizar operações de busca na base de usuários de maneira automática, localizando os participantes desejados.

Figura 1. BPMN (Mapeamento do processo de agendamento de bancas) no Camunda.

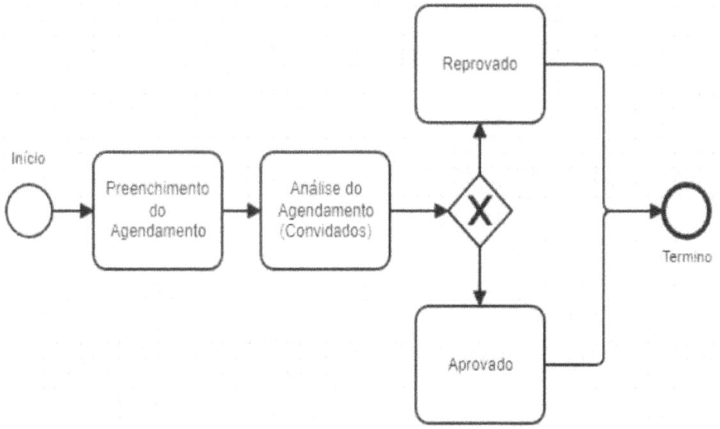

Fonte: Própria (2024).

Na Figura 2 ilustra um participante adicionado para ser convidado a uma determinada banca. Após a seleção, o participante fica selecionado e a interface possibilita uma nova busca na mesma tela. Além disso, é possível descrever os dados básicos como assunto e a mensagem para encaminhar um email aos participantes.

Figura 2. Interface do usuário no PowerApps para convidar e selecionar participantes na banca.

Fonte: Própria (2024).

Na fase de inclusão dos participantes, implementamos uma funcionalidade de busca inteligente que simplifica o processo.

No sistema, quando os usuários começam a digitar o nome de um docente ou discente com matrícula ativa, o sistema automaticamente busca e sugere os membros correspondentes. Na Figura 3 é possível visualizar os membros sugeridos conforme o primeiro nome adicionado no campo de busca.

Figura 3. Interface do usuário no PowerApps para convidar participantes para a banca.

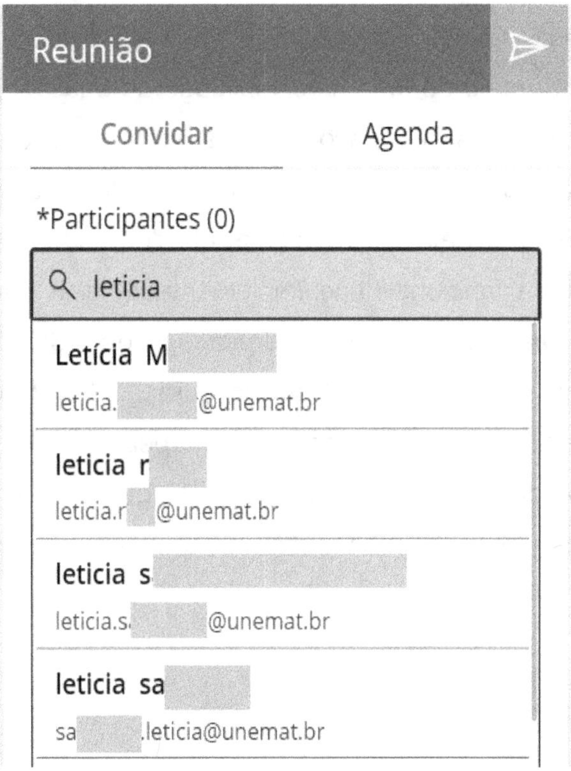

Fonte: Própria (2024).

Essa funcionalidade é possível devido ao fato de todos os usuários estarem cadastrados pelo domínio da organização e já estarem presentes no banco de dados.

Essa integração elimina a necessidade de implementar um sistema de login separado, o que é uma vantagem significativa ao utilizar uma plataforma integrada como o Power Apps.

A interface contém uma aba para agendar as bancas após a definição dos participantes, conforme a Figura 4. Nesse caso, é possível buscar as datas disponíveis e salas de reunião por meio de uma funcionalidade de busca inteligente, que considera as informações previamente cadastradas pela corporação. Com as datas disponíveis é possível adicionar os participantes na data e horário selecionado.

Outra funcionalidade implementada foi o controle da duração das reuniões ou apresentações de TCC, Figura 4. Estabelecemos o tempo médio de duração em 1 hora para cada agenda, com base no mapeamento realizado, considerando que uma banca de TCC geralmente leva em torno desse tempo. Dessa forma, tanto o discente quanto o docente podem agendar o dia e a duração limitada de 1 hora para suas reuniões.

Figura 4. Interface do usuário no PowerApps para agendar as bancas com informações prévias.

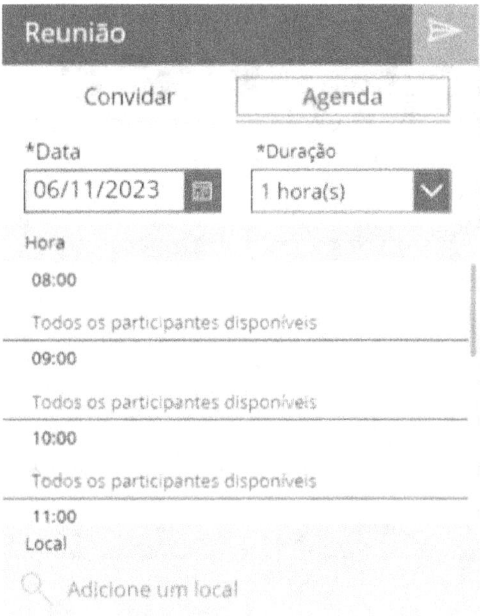

Fonte: Própria (2024).

Após selecionarem todos os elementos do agendamento, os usuários podem prosseguir clicando no ícone de envio. O convite da reunião é então enviado para todos os participantes listados. Os destinatários recebem o convite e têm a opção de aceitar, adicionar como provisório ou recusar, como ilustrado na Figura 5.

Figura 5. Busca de usuários e agendamento de bancas no PowerApps.

Fonte: Própria (2024).

Para isso, eles devem verificar seus calendários integrados com o Outlook, caso estejam disponíveis. Se estiverem livres, podem aceitar o convite; se estiverem ocupados, basta clicar em recusar. Desta forma, o remetente será notificado por e-mail para marcar uma nova data para a banca de TCC.

Figura 6. Confirmação de recebimento no Outlook.

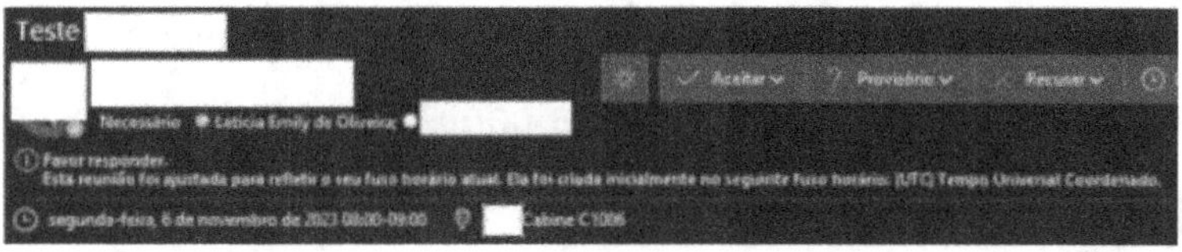

Fonte: Própria (2024).

5. CONSIDERAÇÕES FINAIS

Durante o desenvolvimento do projeto, exploramos um estudo de caso utilizando o Power Apps, com o objetivo de aprimorar a gestão de processos automatizados no agendamento de bancas de TCC.

Em conclusão, o desenvolvimento do processo demonstrou a possibilidade de automatização e centralização do workflow, como evidenciado pelo mapeamento do processo. O Power Apps atendeu às necessidades da instituição, sendo uma ferramenta de fácil desenvolvimento, integração entre aplicações e com um sistema de notificações bem elaborado.

O resultado da pesquisa foi satisfatório, pois mostrou que é viável automatizar o processo de agendamento, tornando-o mais centralizado e ágil. Isso proporciona maior assertividade, segurança e controle dos agendamentos das bancas por parte dos discentes e docentes da instituição.

Essa abordagem permitiu a centralização do processo e a flexibilidade de execução, podendo ser realizada manualmente, automatizada por intervenção humana ou por software. As contribuições desta pesquisa são diversas e abrangentes, abordando áreas cruciais da gestão de processos automatizados.

Ao longo do capítulo, exploramos uma variedade de tópicos, desde a análise de processos até estudo de caso que ilustram a aplicação prática desses conceitos, como a automatização dos processos com a tecnologia do Power Apps. Utilizamos também notações como BPMN do software Camunda, para criar uma base sólida para análise, otimização e automação de processos.

Como recomendação para futuros trabalhos, sugerimos a exploração aprofundada da ferramenta do Power Apps para identificar outros recursos que possam trazer ganhos significativos no processo.

Em suma, este capítulo oferece uma visão abrangente da gestão de processos automatizados, destacando não apenas as ferramentas e tecnologias envolvidas, mas também a importância da análise, documentação e otimização dos processos. Essas contribuições promovem uma compreensão preparada para a implementação eficaz da automação de processos em diversos contextos organizacionais

6 REFERÊNCIAS

Baldam, L. Roquemar. Tese: Gerenciamento De Processos De Negócios No Setor Siderúrgico: Proposta De Estrutura Para Implantação. Tese De Doutorado, Universidade Federal Do Rio De Janeiro, Rio De Janeiro. 2008.

Cruz, Tadeu. Manual Para Gerenciamento De Procesos De Negócio: Metodologia Domp: Documentação, Organização E Melhoria De Processos. Atlas: Grupo

Gen. E-Book. Isbn 9788522499700. 2015.
Esesp. Introdução Ao Bpm E Modelagem Com Bpmn 2.0 - Eixo: Gestão Estratégica De Processos. Espírito Santo: Esesp. p. 55. 2019
Kropp, M., Meier, A., Anslow, C., & Biddle, R. . Satisfaction And Its Correlates In Agile Software Development. The Journal Of Systems And Software, v. 164. Doi:10.1016/J.Jss.2020.110544. 2020.
Mello, Rodrigo Bezerra De; Pessôa, Marcelo. Gestão De Processos De Negócio (Bpm) Na Prática: Experiências E Reflexões. Brasport, 2012.
NUNES, Ana. Modelação de processos na otimização do agendamento hospitalar. Dissertação (Mestrado em Gestão de Sistemas de Informação Médica) - Escola Superior de Tecnologia e Gestão, Instituto Politécnico de Leiria. 2014.
Rocha, Henrique M.; Barreto, Jeanine S.; Affonso, Ligia M F. Mapeamento E Modelagem De Processos. Grupo A. E-Book. Isbn 9788595021471. 2017.
PONTIZELLI, Luiz Eduardo. Automação e Consulta do Agendamento de Cargas Utilizando RPA e Power Apps. Trabalho de Conclusão de Curso (Graduação em

Engenharia de Controle e Automação) - Universidade Federal de Santa Catarina, Blumenau, 2022.
Sato, R. F. . Metodologia Ágil Scrum: Um Estudo De Caso Em Uma Empresa De Software. Trabalho De Conclusão De Curso, Universidade Tecnológica Federal Do Paraná, Campo Mourão. 2019.
Sbrocco, José Henrique Teixeira De C.; Macedo, Paulo Cesar De. Metodologias Ágeis - Engenharia De Software Sob Medida. Editora Saraiva, E-Book. Isbn 9788536519418. 2012.
Turner, R., & Boehm, B. . People Factors In Software Management: Lessons From Comparing Agile And Plan-Driven Methods. Crosstalk – The Journal Of Defense Software Engineering, v. 16. n. 12. p. 4-8. 2003.
Valle, Rogerio; Oliveira, Saulo Barbará De. . Análise E Modelagem De Processos De Negócio: Foco Na Notação Bpmn (Business Process Modeling Notation). Grupo Gen. E-Book. Isbn 9788522479917. 2013.
Tadeu. Sistemas, Métodos & Processos: Administrando Organizações Por Meio De Processos De Negócios. Atlas: Grupo Gen. E-Book. Isbn 9788597007626. 2014.

CAPÍTULO 5 | SISTEMA DE MONITORAMENTO DA QUALIDADE DO AR EM AMBIENTES INTERNOS IMPLEMENTADO EM NUVEM MICROSOFT AZURE

Eduardo Lopes da Cruz
Alexandre César Rodrigues da Silva

RESUMO

Neste capítulo, apresenta-se uma solução IoT para medir a qualidade do ar em ambientes internos, utilizando serviços em nuvem para coleta, visualização e armazenamento dos dados. O projeto utiliza o microcontrolador ESP8266 como dispositivo IoT para leitura dos dados coletados pelos sensores DHT22, MICS6814 e DSM591A, enviando-os para os serviços em nuvem Microsoft Azure via WiFi pelos protocolos TCP/IP e MQTT. Foi desenvolvido um ambiente em nuvem Azure utilizando os serviços IoT *Hub, Blob Storage* e IoT Central, visando reduzir ao máximo o custo de implementação com o uso gratuito dos serviços em nuvem. Para a coleta de dados, o dispositivo IoT foi instalado em um laboratório de informática na Escola Técnica Estadual de Jales (São Paulo) entre 27 de julho e 18 de agosto. As leituras foram realizadas às quintas e sextas-feiras, das 08h às 17h, em intervalos de 30 minutos. Os resultados o dispositivo IoT e os serviços em nuvem atenderam as necessidades do projeto. Por fim, o uso de serviços em nuvem mostrou ser de baixo custo e eficiente para a comunicação entre o dispositivo IoT, armazenamento e visualização dos dados via Internet.

Palavras chaves: QUALIDADE DO AR. DISPOSITIVO IOT. COMPUTAÇÃO EM NUVEM. SISTEMA DE MONITORAMENTO.

1. INTRODUÇÃO

A atmosfera terrestre levou bilhões de anos para se estabilizar, composta atualmente por nitrogênio, oxigênio e outros elementos essenciais a vida no planeta terra. Partículas e gases poluentes aspirados causam danos ao aparelho respiratório e outros órgãos vitais, podendo até levar em alguns casos ao desenvolvimento de câncer.

A qualidade do ar é avaliada em termos de concentrações de poluentes em índices não naturais ou que interfiram na atmosfera de um local ou (Ribeiro et al., 2020). As medições de poluentes atmosféricos vêm cada vez mais sendo realizadas por equipamentos mais modernos, sendo utilizadas estações automáticas de monitoramento da qualidade do ar, determinando a concentração de poluentes em tempo real na atmosfera.

Tendo em vista que em grandes centros urbanos a população passa cerca de 80% do tempo em um ambiente interno (Hewitt et al., 2019), se faz necessário atualmente analisar as condições de umidade, temperatura e qualidade do ar dos ambientes em que passamos a maioria do nosso tempo, visando a saúde e bem-estar dos indivíduos ali presentes e potencializando a produtividade.

Sistemas de medição da qualidade do ar em tempo real tem se tornado uma necessidade em ambientes de uso coletivo e até mesmo em residências, pois a pandemia provocada pela COVID-19 nos apresentou de maneira traumática os riscos à saúde que um ambiente em condições ruins relacionadas a qualidade do ar (mais precisamente relacionadas a partículas em suspensão) pode provocar a uma população.

Sensores de medição de temperatura, umidade, fumaça, poeira, partículas em suspensão e gases como metano e monóxido de carbono podem ser utilizadas em conjunto com dispositivos microcontroladores para aferir as condições de clima e qualidade do ar de um ambiente interno e fornecer um diagnóstico para os usuários deste ambiente.

Aliado ao uso de sensores, tem-se a necessidade do acompanhamento em tempo real das condições de qualidade do ar de um ambiente, estando presente no ambiente ou até mesmo remotamente, através da comunicação dos dispositivos físicos de medição conectados com aplicativos web e serviços em nuvem de monitoramento e controle remoto.

A tecnologia em nuvem tem-se mostrado uma opção bastante viável para suprir a necessidade de execução de aplicações baseadas em plataformas web para monitoramento e controle de projetos com sensores e atuadores devido a seu baixo custo de implementação, a não necessidade de aquisição de equipamentos adicionais como servidores e dispositivos de rede e principalmente a alta disponibilidade dos dados a partir de qualquer lugar, tornando o controle em tempo real de tais projetos ainda mais amplo (Microsoft, 2022).

Um sistema ou aplicativo executado em nuvem possui as seguintes características principais: não necessita de infraestrutura de servidores in loco ou de rede para ser executado e possui fácil disponibilização para seus usuários através da internet.

O provedor de serviço em nuvem fica encarregado de realizar toda a configuração para execução do sistema web, disponibilizando serviços de infraestrutura e rede sob demanda, ou seja, a quantidade de recursos que serão disponibilizados dependerá das necessidades da aplicação web ou no tipo de serviço contratado.

Este projeto tem como proposta a criação de uma solução IoT utilizando o microcontrolador ESP8266, os sensores DHT22, MICS6814 e GP2Y1014AU0F para medição das condições da qualidade do ar em ambientes internos.

Em conjunto foi desenvolvido uma aplicação em nuvem na plataforma Microsoft Azure utilizando os serviços IoT Hub para comunicação entre o microcontrolador e a nuvem, para

armazenamento dos dados coletados foi utilizado o serviço *Blob Storage*, para visualização dos dados através da Internet é utilizado o serviço Azure IoT Central e para geração de gráficos mais elaborados relacionados aos dados armazenados é utilizado o serviço Power BI.

1.1 Objetivo Geral

O objetivo principal deste trabalho foi desenvolver um sistema IoT *Internet of Things* para medição dos parâmetros de qualidade do ar em ambientes internos relacionados a temperatura, umidade, partículas em suspensão, monóxido de carbono (CO2), amônia (NH3), e dióxido de nitrogênio (NO2).

1.2 Objetivo específico

a) Realizar a medição dos gases CO_2, NH_3 e NO_2 como parâmetros no controle da qualidade do ar;
b) Desenvolver uma solução em nuvem para leitura, armazenamento e monitoramento dos dados dos sensores;
c) Minimizar o uso de infraestrutura física para armazenamento e processamento dos dados

1.3 Questão/Pergunta problematizadora

Tendo em vista que em grandes centros urbanos a população passa cerca de 80% do tempo em ambiente interno (Hewitt et al., 2019), se faz necessário analisar as condições de umidade, temperatura e qualidade do ar em ambientes que passamos a maioria do nosso tempo, visando a saúde e bem-estar dos ali presentes.

Sistemas de medição da qualidade do ar em tempo real tem se tornado uma necessidade em ambientes de uso coletivo e até mesmo em residências, pois a pandemia provocada pela COVID-19 nos apresentou de maneira traumática os riscos à saúde que ambientes em condições ruins relacionadas a qualidade do ar pode provocar a uma população.

A detecção de valores dos elementos climáticos e de substâncias que estejam no ambiente pode fornecer informações valiosas para o monitoramento da qualidade do ar do ambiente, que afetam a saúde humana (Ribeiro et al., 2020).

1.4 Justificativa

Os avanços nos processos de fabricação de dispositivos microeletrônicos, microcontroladores, sensores e atuadores proporcionaram a redução nos custos de aquisição e a disponibilidade de inúmeros modelos com diferentes características e funcionamento, fazendo com que os projetos de sistemas com microcontroladores pudessem ser projetados com maior complexidade, variedade de elementos e capacidade de aquisição de dados.

Com isso, aumentou-se a capacidade de comunicação de tais projetos com outras tecnologias de softwares capazes de funcionar como interface de controle, visualização e manipulação dos dados coletados. Criar sistemas multiplataforma que podem ser acessados de qualquer dispositivo e em qualquer lugar utilizando plataformas em nuvem é uma necessidade atual, visto que a maioria das pessoas possui um telefone celular ou outro dispositivo eletrônico com acesso à Internet.

O desenvolvimento de um equipamento de medição das condições climáticas e de qualidade do ar em um ambiente interno em conjunto com um sistema em nuvem de monitoramento e controle destes dados facilita a visualização das condições do ambiente em tempo real, proporcionando a possibilidade de mudanças pontuais nestas condições para melhorar o bem-estar e preservar a saúde das pessoas que residem ou utilizam este ambiente.

2. METODOLOGIA

Atualmente, o monitoramento e acionamento de equipamentos eletroeletrônicos por meio de dispositivos inteligentes pode ser considerado um avanço tecnológico que estará presente no cotidiano de pessoas e organizações. O Monitorar adequadamente as condições climáticas e de qualidade do ar de ambientes internos fornece dados que podem ser utilizados para acionar remotamente e de maneira automática equipamentos eletrônicos, visando manter as melhores condições do ambiente.

Segundo Ferreira (2021), o uso de serviços em nuvem para processar dados IoT tem se tornado comum devido a tais serviços disponibilizarem grande capacidade de armazenamento, possibilidade de utilização de vários núcleos de processamento e compartilhamento de informações em tempo real.

Este trabalho consiste na utilização do microcontrolador ESP8266 (ESPRESSIF, 2023) conectado à internet dia rede local para leitura e envio de dados dos sensores MICS6814, DHT22, DSM501A para o serviço em nuvem Microsoft Azure.

Na Figura 1 apresenta-se as camadas da arquitetura implementada e os detalhes de cada camada.

Figura 1: camadas do projeto de medição da qualidade do ar.

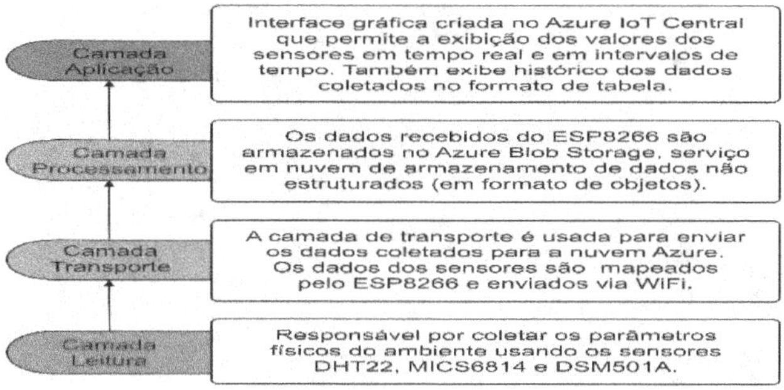

Fonte: elaborado pelo autor

Foram utilizados os sensores DHT22 (AOSONG, 2024) para medir a temperatura e umidade do ambiente, MICS6814 (PEWATRON.COM, 2022), para ler os gases CO2, NO3 e NH4 e o sensor DSM501A (SAMYOUNG, 2023) para medir partículas em suspensão de 2,5 micrômetros até 10 micrômetros. Na Figura 2, apresenta-se o esquema de integração dos componentes físicos do projeto.

Figura 2: camadas do projeto de medição da qualidade do ar.

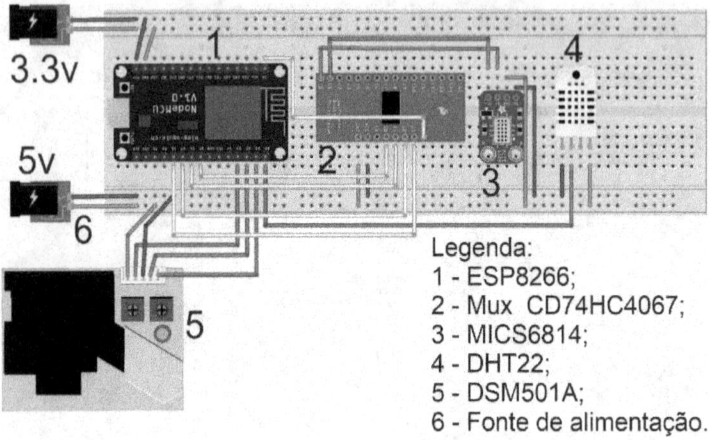

Fonte: elaborado pelo autor

O microcontrolador ESP8266 é responsável por realizar a leitura dos sensores, conectar no serviço em nuvem Microsoft Azure e enviar para os dados coletados através da Internet utilizando os protocolos TCP/IP e MQTT. Na Figura 3 apresenta-se a colaboração entre os protocolos.

Figura 3: Colaboração entre protocolos TCP/IP e MQTT.

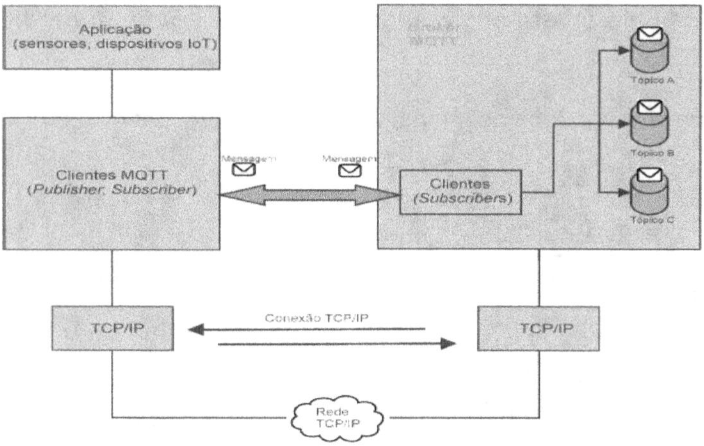

Fonte: elaborado pelo autor

O código-fonte gravado no microcontrolador foi escrito em linguagem C para Arduino combinando as bibliotecas fornecidas pelo serviço Microsoft Azure. É realizada a configuração de conexão a rede WiFi, comunicação com o serviço em nuvem através dos

parâmetros fornecidos pelo serviço Microsoft Azure Iot Hub e definição do *payload* (conteúdo) que será enviado. Na Figura 4 apresenta-se a estrutura do código-fonte gravado no microcontrolador.

Os serviços em nuvem são responsáveis por receber os dados coletados através do serviço IoT Hub, que realiza a autenticação do dispositivo IoT e encaminha os dados coletados para serem armazenados no serviço *Blob Storage.*

Figura 4: estrutura do código-fonte gravado no microcontrolador

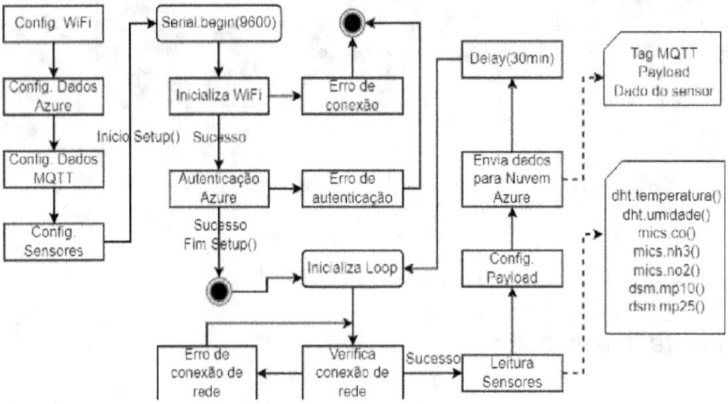

Fonte: elaborado pelo autor

Os dados são armazenados de forma não relacional no serviço *Blob Storage* em documentos no formato *JavaScript Object Notation* (JSON) em subpastas organizadas pelo dia do mês em que a leitura foi realizada, facilitando a análise por máquina e a integração por outros bancos de dados. Na Figura 5 apresenta-se a estrutura aplicada ao serviço *Blob Storage.*

Figura 5: estrutura de armazenamento de dados do projeto

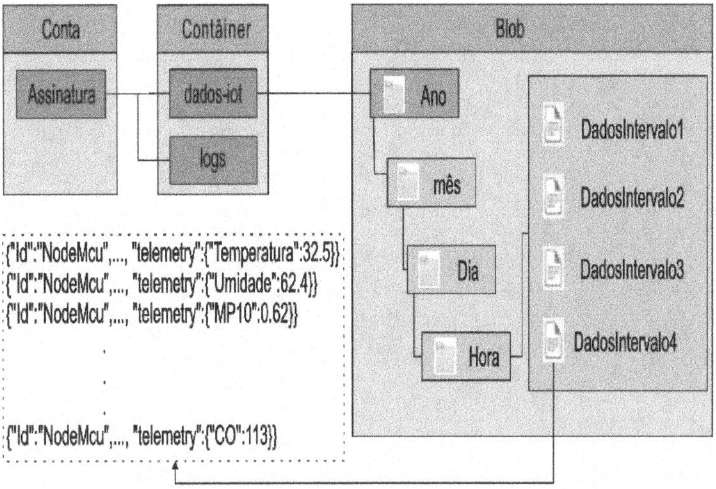

Fonte: elaborado pelo autor

Os dados recebidos pelo serviço IoT Hub são redirecionados para o serviço IoT Central para visualização em tempo real através da internet. Para isso deve ser adicionado um dispositivo dentro do serviço IoT Central e conectá-lo ao serviço IoT Hub para que os dados recebidos possam ser exibidos.

Após realizadas todas as configurações, é possível visualizar os dados do dispositivo IoT por qualquer dispositivo conectado à internet com usando um navegador de internet. Na Figura 6 apresenta-se a interface de dados do IoT Central.

Figura 6: estrutura de armazenamento de dados do projeto

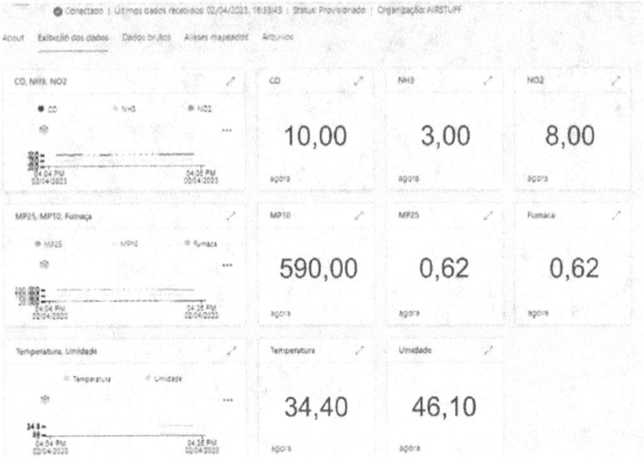

Fonte: elaborado pelo autor

Por fim, os dados armazenados no serviço em nuvem *Blob Storage* são acessados pelo *software* Microsoft Power BI para análise de dados e elaboração de dados. Para realizar a comunicação entre o serviço em nuvem e o *software* basta inserir os dados da sua conta Azure como uma fonte de dados do *software* que as fontes de dados provenientes do serviço em nuvem possam ser selecionadas e analisadas. Na Figura 7 apresenta a comunicação entre as camadas do projeto.

Figura 7: estrutura de armazenamento de dados do projeto.

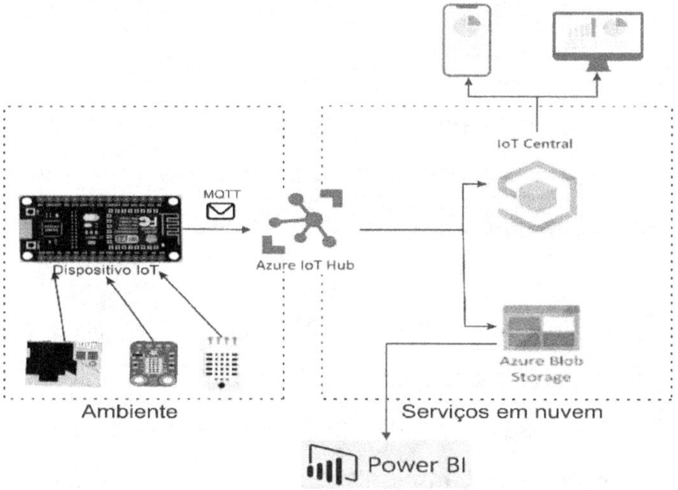

Fonte: elaborado pelo autor

Este capítulo abordou o desenvolvimento do projeto de qualidade do ar, apresentando os sensores e microcontrolador, Implementação dos serviços em nuvem e a comunicação entre eles e por fim foi descrita a comunicação entre todas as partes do projeto.

No próximo capítulo são apresentados os resultados relacionados a coleta de dados realizada com apresentação de gráficos elaborados no *software* Microsoft Power BI.

4. RESULTADOS

Os dados coletados e armazenados no serviço Blob Storage foram utilizados para a elaboração de gráficos para comparativo entre horário e datas. O intervalo de leitura adotado foi de 30 minutos, iniciando a primeira leitura sempre as 8h e finalizando as 17h.

Os horários com maior aumento na temperatura do ambiente foram entre 12h30min e 13h30min. Em relação a umidade, houve queda nos valores inicial durante todo o período de utilização do ambiente. U uso constante de ar-condicionado contribui para a queda de umidade. Na Figura 8 apresenta-se o gráfico com as alterações de temperatura e umidade do ambiente.

Ao longo do período pode-se observar que houve alterações nas concentrações de gases, principalmente um aumento na concentração de CO, tendo como uma das possíveis causas o aumento do fluxo de carros transitando ao longo do dia.

Houve oscilações nos níveis de NH3 entre 12h30min e 15h, horário de maior fluxo de pessoas no ambiente e pode-se observar que não houve oscilações significativas nos níveis de NO_2. Na Figura 9 apresenta-se os dados referentes as leituras dos gases.

Figura 8: estrutura de armazenamento de dados do projeto

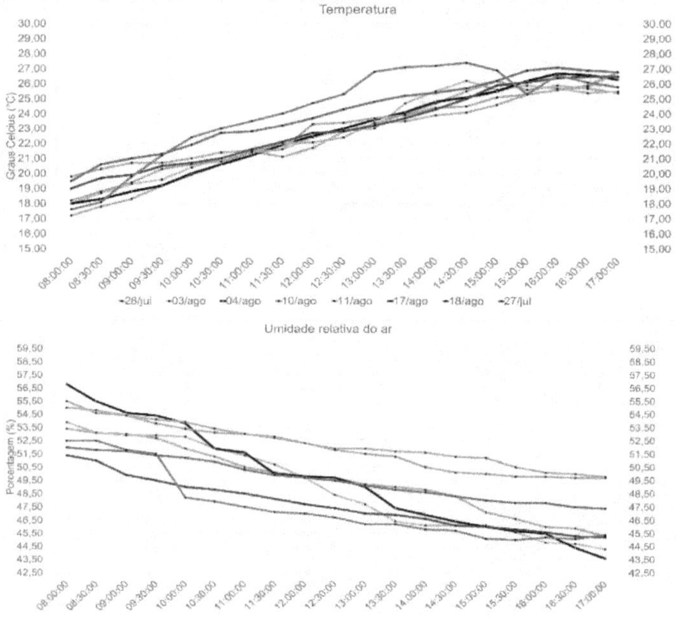

Fonte: elaborado pelo autor

Figura 9: estrutura de armazenamento de dados do projeto

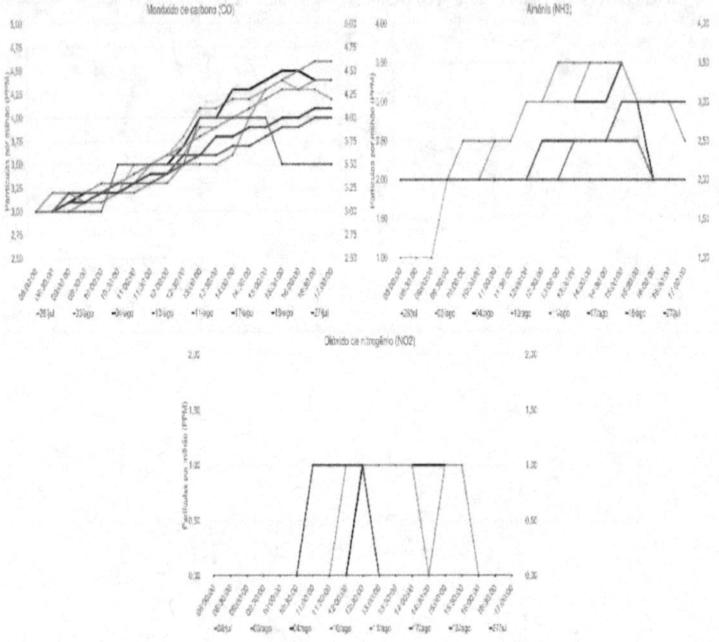

Fonte: elaborado pelo autor

Percebeu-se que ao longo do dia houve aumento na quantidade de partículas PM10 e PM2.5, principalmente em 27 de julho. Na Figura 10 mostra o gráfico com os dados sobre partículas em suspensão.

Figura 10: estrutura de armazenamento de dados do projeto

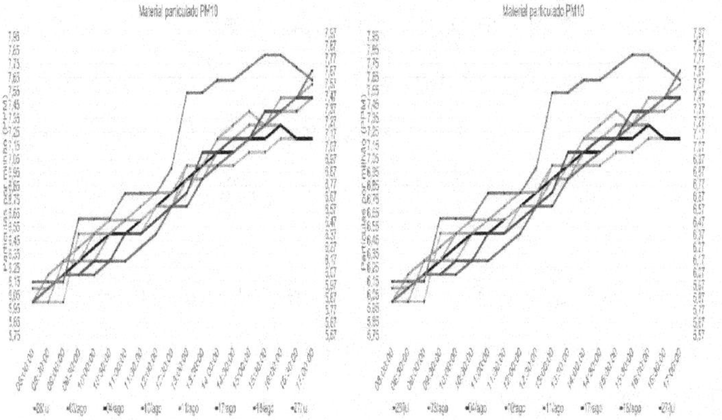

Fonte: elaborado pelo autor

5. CONCLUSÃO

Este capítulo apresentou a proposta de monitoramento da qualidade do ar em ambientes internos baseada em dispositivo IoT conectado a um conjunto de serviços em nuvem para gerenciamento, visualização e armazenamento dos dados de telemetria coletados.

O uso do microcontrolador ESP8266 e dos sensores DHT22, DSM501A e MICS6814 apresentou desempenho satisfatório na coleta de dados, visto o bom custo-benefício de aquisição dos materiais, fácil programação do microcontrolador e programação dos sensores. O único ponto negativo observado no microcontrolador ESP8266 foi a necessidade de utilizar o multiplexador CD74HC4067 para suprir a baixa quantidade de entradas analógicas (somente uma).

Em relação aos serviços em nuvem utilizados, foram adotados serviços fornecidos pela Microsoft Azure devido a familiaridade com o serviço e gratuidade da maioria deles. O serviço IoT Hub apresentou ser uma ótima solução pata a criação de um MQTT broker pois facilita a comunicação entre o dispositivo IoT e a Internet, proporcionando a comunicação do dispositivo físico a outros serviços de software.

A disponibilização dos dados para serem visualizados através da internet utilizando o serviço ioT Central apresentou resultado satisfatório devido a fácil configuração da interface, adição de novas *tags* MQTT se
necessário e a possibilidade de visualizar os dados coletados em diversos formatos. Um ponto negativo é que somente dois dispositivos podem acessar o serviço IoT Central simultaneamente na configuração de uso gratuito do serviço.

O serviço de armazenamento Blob Storage se mostrou

uma boa alternativa para projetos que não necessitam de armazenamento de dados de maneira estruturada e totalmente relacionados, proporcionando o armazenamento dos dados de telemetria em formato JSON e organizado por arquivos, facilitando o acesso e visualização dos dados lidos.

Por outro lado, a não estruturação dos dados armazenados pode negar a necessidade de criação de algoritmos para realizar a seleção dos dados que serão utilizados, principalmente fora da nuvem.

O projeto provou-se viável para aplicações de pequeno porque que utilizem poucos dispositivos IoT, onde a coleta de dados não é constante, o que gera um grande volume de dados e tráfego de rede, visto que a maioria dos serviços em nuvem possui um limite de tráfego de dados e armazenamento gratuito.

A utilização dos serviços em nuvem provou-se uma excelente alternativa quando se deseja evitar trabalhar com linguagens de programação para desenvolvimento web, banco de dados, construção de APIs e outras tecnologias que o desenvolvimento de um *software* demanda.

6. REFERÊNCIAS

AOSONG, E. Digital-output relative humidity temperature sensor/module DHT22.
2023. Site. Acessado em: 11.05.2024. Disponível em: <https://www.sparkfun.com/datasheets/Sensors/Temperature/DHT22.pdf>.

ESPRESSIF. ESP8266EX Datasheet. 2023.

FERREIRA, W. A. P. Rede neural ARTMAP Fuzzy implementada em hardware aplicada na previsão da qualidade do ar em ambiente interno. Dissertação (Mestrado) — Universidade Estadual Paulista - UNESP - Campus de Ilha Solteira, 2021.

MICROSOFT.COM. O que é a computação em nuvem? 2022. Site. Acessado em: 11.05.2024. Disponível em: <https://docs.microsoft.com/pt-br/learn/modules/intro-to-azure-fundamentals/what-is-cloud-computing>.

PEWATRON.COM. Datasheet-MICS-6814. 2022. Site. Acessado em: 11.05.2024. Disponível em: <https://www.usinainfo.com.br/index.php?controller=attachment&idattachment=505>.

RIBEIRO, J. C. J.; CUSTODIO, M. M.; PEREIRA, D. H. Covid-19: reflexões sobre seus impactos na qualidade do ar e nas modificações climáticas. Veredas do Direito: Direito Ambiental e Desenvolvimento Sustentável, p. 265–296, 2020.

SAMYOUNG, S. Dust Sensor Module DSM501 Specifications. 2023. Site. Acessado em: 11.05.2024. Disponível em: <https://www.samyoungsnc.com>.

CAPÍTULO 6 | ESTUDO DA QUALIDADE DO AR NAS SALAS DE AULA PELA ANÁLISE DE PARTÍCULAS SUSPENSAS

Mário Henrique de Gama e Silva
Alexandre César Rodrigues da Silva

RESUMO

O objetivo deste capítulo é apresentar um sistema para monitorar e coletar dados sobre a qualidade do ar e temperatura em salas de aula, permitindo a identificação de ambientes com problemas e a tomada de medidas corretivas para garantir um ambiente escolar mais saudável. A justificativa para o desenvolvimento deste trabalho é que um ambiente com condições inadequadas pode causar diversos problemas de saúde e até mesmo baixo rendimento escolar. Como metodologia se comparou os níveis de particulados em dois tipos de ambientes, sala com o uso de giz e sala com o uso de marcador para quadro branco, bem como as condições dos ambientes em relação à temperatura. Desenvolveu-se um sistema eletrônico embarcado de baixo custo empregando um microcomputador *Raspberry* e os sensores BME680 e PMS7003. As amostras foram analisadas e os resultados, preliminares, evidenciam que é necessário ampliar os critérios de validação e controle das variáveis envolvidas de modo que haja padronização das quantidades de interesse avaliadas.

Palavras chaves: QUALIDADE DO AR INTERNO. SISTEMA EMBARCADO. MATERIAL PARTICULADO.

1. INTRODUÇÃO

A qualidade do ar em salas de aula é um fator que deve ser considerado para o bem-estar dos alunos e de professores. Métodos tradicionais de monitoramento da qualidade do ar interno, como inspeções casuais ou medições periódicas, não fornecem informações precisas e oportunas para aqueles que precisam tomar decisões sobre ventilação e qualidade do ar (Agostinho et al., 2023).

Níveis elevados de poluentes do ar interno podem causar diversos problemas de saúde, como dificuldades respiratórias, alergias, fadiga e até mesmo a redução do desempenho escolar (Tiberiu et al., 2023).

Em salas de aula, tanto o giz como o marcador para quadro branco ainda são vastamente utilizados, pois são ferramentas acessíveis, de baixo custo e fáceis de utilizar, quando comparados com outras mídias disponíveis atualmente.

Estas duas ferramentas possuem seus pontos fortes e fracos. Para exemplificar, o giz é um artefato clássico presente nas salas de aula há décadas, fácil de se encontrar, disponível em variadas cores e confeccionado de material biodegradável,

o que contribui para a preservação do meio ambiente. Entretanto, o giz produz poeira quando se está escrevendo ou apagando a lousa (quadro-negro/verde), o que incomoda pessoas alérgicas.

O marcador para quadro branco aparenta não produzir poeira e permite apagar escritas com facilidade, além de oferecer diferentes efeitos. Tem-se como desvantagens o custo elevado, quando comparado com o giz, especialmente as opções com cores especiais. Além disso, precisam ter a tinta recarregada ou trocada com frequência, o que gera um custo adicional.

A qualidade do ar está intimamente relacionada a diversos Objetivos de Desenvolvimento Sustentável (ODS) da ONU (United Nations. 2024), especialmente no que diz respeito à saúde – ODS 3. Garantir a qualidade do ar em ambientes escolares é fundamental ao bem-estar de alunos, professores e funcionários (Tiberiu et al., 2023).

Em muitas escolas da Europa o ar é monitorado. A afirmação é de BOESING (2023) e consta no trabalho de pesquisa sobre a importância da ventilação escolar no período pandêmico da Covid-19. O trabalho mostrou que espaços arquitetônicos antigos sem manutenção e com alta concentração de pessoas favorecem a interação com patógenos.

No trabalho de Avneet et al., (2024), apresenta-se uma revisão sistemática adotando uma abordagem metodológica para fornecer conhecimento quantitativo e qualitativo sobre a noção emergente da sala de aula inteligente. A análise foi baseada em uma avaliação de 572 publicações em periódicos revisados por pares entre os anos de 2000 e 2021.

Consta neste capítulo os resultados obtidos por um sistema eletrônico desenvolvido para avaliar temperatura e quantidade de partículas presentes no ar em duas salas de aula.

1.1 Objetivo Geral

O objetivo do capítulo é apresentar o desenvolvimento e a avaliação de um sistema eletrônico utilizando o *Raspberry 3 b+* e sensores comerciais de baixo custo para a coleta eficaz de partículas em suspensão e monitoramento da temperatura em salas de aula com diferentes estruturas físicas, ou seja, lousa convencional com o uso de giz e lousa branca com o uso de marcador de tinta.

1.2 Objetivo específico

a) Apresentar para o estudante as técnicas de projeto para desenvolvimento e implementação de um sistema de aquisição utilizando microcomputador incorporado por sensor de detecção de partículas suspensas, além de outro sensor de temperatura do ar.

b) Desenvolver o software para o *Raspberry* 3 b+ para controle e a aquisição dos dados,
c) Avaliar o desempenho do dispositivo de análise em precisão e confiabilidade;
d) Incentivar a visão crítica e analítica do graduando quanto as questões pertinentes e soluções inovadoras;

1.3 Questão / Pergunta problematizadora

Qual entre as duas tecnologias de lousa, onde uma é clássica e a outra contemporânea, pode oferecer o melhor resultado para a rotina educacional representativa sem prejudicar a saúde de alunos e profissionais do ensino?

1.4 Justificativa

O aumento da temperatura do ar aumenta a dispersão de partículas suspensas. Em contrapartida, temperaturas baixas dificultam a dispersão. Dessa forma, partículas sólidas suspensas no ar estão sujeitas à energia cinética, aumentando ou diminuindo sua concentração e podem ser monitoradas por volumetria, com o emprego de sensores apropriados. Interessa à pesquisa a natureza e o volume do material mais disperso e, portanto, o mais inalado. Em trabalhos futuros, a coleta desses dados poderá auxiliar estudos visando a segurança no trabalho, em observância da norma regulamentadora (NR 07) que realiza o controle médico de saúde ocupacional.

Anteriormente ao uso da gipsita o carbonato de cálcio fazia parte da composição do giz. A gipsita tem na sua composição o sulfato de cálcio ($CaSO_4$), oxigênio e enxofre, comumente conhecida como gesso.

A composição química da tinta do marcador para lousa branca utiliza solventes à base de isopropanol, etanol, corantes, pigmentos sólidos moídos, polímeros para auxiliar na aderência e estabilizadores de viscosidade. Algumas empresas fabricantes de marcadores para quadro branco disponibilizam

informações técnicas que destacam as recomendações toxicológicas e que colocam o produto na categoria de média toxicidade em situações de uso inadequado.

Com as considerações supramencionadas, evidencia-se a importância de se obter dados que permitam uma avaliação da exposição orgânica aos dois materiais utilizados em salas de aula, o giz e a tinta utilizada no marcador para quadro branco.

De posse de informações produzidas pelo sistema eletrônico desenvolvido, especialistas poderão compreender os impactos na fisiologia humana quando estes agentes produzidos artificialmente forem absorvidos pelo corpo humano.

2. METODOLOGIA

A metodologia de pesquisa utilizada neste capítulo é organizada em uma abordagem quantitativa e de natureza aplicada em que se utilizou de dados gerados em salas de aula com o emprego de um sistema eletrônico desenvolvido em laboratório de pesquisa da UNESP, Câmpus de Ilha Solteira.

Partindo-se do estudo de trabalhos relacionados e de um equipamento já desenvolvido, construiu-se um sistema eletrônico embarcado de baixo custo empregando um microcomputador *Raspberry 3 b+,* os sensores BME680, PMS7003 e um relógio RTC DS3231. Tem sido muito comum o uso do sensor BME680 na análise da qualidade do ar, na automação e controle de ambientes internos e em projetos empregando os conceitos de Internet das Coisas (IOT). A versatilidade deste sensor está na capacidade de avaliar gases, umidade, pressão e temperatura.

Optou-se por empregar o sensor BME680 pois trata-se de um sensor de baixo custo, que consome pouca energia e que se adéqua perfeitamente à finalidade do projeto, ou seja, cumpre a função de obter as condições das grandezas que podem influenciar na quantidade de partículas suspensas por unidade de volume. Este sensor também é útil na identificação de poluentes naturais como etanol, isopropeno, metil1,3-butadieno e monóxido de carbono.

O circuito integrado do sensor BME680 utiliza uma técnica que mede a resistividade para o reconhecimento dessas substâncias, sendo que a alta resistividade indica que o ar avaliado no ambiente está livre da substância sob análise.

Para integrar o sensor ao sistema eletrônico foi utilizado
o protocolo de comunicação *Inter-Integrated Circuit* (I^2C). Dessa forma, o microcomputador se comunica com o sensor BME680 pela porta *Serial Data* (SDA), para estabelecer comunicação bidirecional e a porta *Serial Clock* (SCL), para sincronizar e equilibrar operações de leitura e escrita.

Em que pese a baixa velocidade do protocolo utilizado, para a finalidade do projeto, dessa interface de comunicação não comprometeu as avaliações de interesse. Do ponto de vista tecnológico, a comunicação I^2C reduz o volume de conexões, o que favorece a simplificação do circuito.

O sensor BME680 foi exposto às condições térmicas de um ambiente refrigerado, pois as salas de aula possuem aparelhos condicionadores de ar que ficam ligados no momento da avaliação, logo a temperatura pode variar de 17°C até 25°C, aproximadamente.

O sensor PM7003 é o sensor volumétrico do dispositivo de análise. Este sensor reconhece diâmetro de partículas suspensas no ar e a quantidade de partículas por unidade de volume. A técnica de medição usa um feixe de laser e fotodiodos para identificar o material minúsculo que entra em contato com a cavidade coletora do sensor.

Diferente do protocolo I²C, utilizado pelo sensor BME680, o sensor PMS7003 emprega um protocolo de comunicação mais rápido denominado *Universal Asynchronous Receiver-Transmitter* (UART). Para este protocolo duas portas são necessárias para a conexão com a unidade processadora dos dados. São utilizadas as portas TX (*Transmit*) e RX (*Receive*). A porta TX envia os dados para a unidade processadora enquanto a porta RX recebe os dados da mesma unidade. Utilizar protocolos UART é uma forma simples e segura de transmitir dados.

A combinação dos dois componentes sensores, o BME680 e o PMS7003 permitem que o dispositivo de análise verifique inicialmente as condições do ambiente para o estudo e em seguida verifique quantas partículas estão suspensas no ar.

Com base na quantidade de partículas suspensas de interesse, é possível avaliar a influência do ambiente na quantidade de material coletado e qual das duas composições químicas, a do giz ou a do marcador para quadro branco oferece maior exposição orgânica quando inalada.

O dispositivo de análise é um objeto de pequena dimensão. O microcomputador *Raspberry* 3 b+ apresenta boa versatilidade quanto a conexão de periféricos, a arquitetura usa linguagem de código aberto, se beneficiando da comunidade
Linux para ampliar sua capacidade, portanto, é uma tecnologia em constante mudança, o que permite um variado leque de soluções. O microcomputador *Raspberry* 3 b+ pode ser gerenciado à distância, promover automação em diversos cenários, estabelecer conexões *Cloud Computing* (Computação em nuvem). Além disso, possui interface gráfica e está adaptado aos softwares de uso fundamental, entre outras características, a um custo relativamente baixo. Há, porém, alguns pontos negativos.

Como inovações surgem a todo momento, nem todas as possibilidades estão padronizadas, o que leva tempo para teste e ampla divulgação. Outra limitação é que, como as tecnologias são atualizadas de forma independente, há situações em que o Linux possui códigos que integram suas bibliotecas que não conseguem mais dar suporte a atualização de periféricos no decorrer do tempo.

O sistema eletrônico desenvolvido empregou a linguagem de programação *Phyton* que reconhece e ativa os sensores, e define a interface gráfica que facilita a configuração de todo o sistema de forma intuitiva. O interpretador do código faz parte dos aplicativos do *Raspberry* 3 b+, denominado Thonny, um ambiente de desenvolvimento integrado, gratuito e de código aberto para *Phyton.*

Salienta-se que certos recursos ativados exigiram procedimentos que não estão catalogados em um único local. Então, instruções importantes estão dispersas na internet o que demanda uma parcela de paciência, habilidade e repertório do projetista. A configuração do RTC DS3231 é um bom exemplo.

Fundamental para controlar a data e hora dos dados coletados, o RTC (Real-time Clock) não é um dispositivo *plug and play*, exigindo o procedimento para que o microcomputador reconheça seu funcionamento.

Para a aquisição dos dados, o dispositivo foi posicionado na sala de aula próximo ao quadro-negro/verde ou ao quadro branco de tal forma que os sensores foram expostos às condições da qualidade do ar. Posicionou-se, junto ao dispositivo eletrônico, um termômetro analógico para se registrar a temperatura ambiente em certos intervalos de tempo. As informações sobre a temperatura foram anotadas para aferir a qualidade do sensor de temperatura. A coleta dos dados se início pela manhã e foi encerrada no fim das atividades diárias dos estudantes.

Esta ação se repetiu por alguns dias até se obter dados suficientes para uma análise robusta. O volume das amostras dependeu não apenas das condições térmicas e de pressão, mas também do conteúdo expositivo oferecido pela disciplina e dos métodos educacionais empregados.

O uso de slides tem se popularizado e sua praticidade impede alguma quantidade de ilustrações em tempo real. Então para o experimento foram definidas disciplinas em que a interação com o quadro-negro/verde ou com o quadro branco foram mais significativas.

3. ESTUDOS ANTERIORES

A popularização de sensores de baixo custo tem facilitado o desenvolvimento de sistemas de aquisição de dados para as mais variadas áreas. Um cenário importante para a aquisição de dados de agentes presentes no ar aconteceu no período pandêmico devido ao enclausuramento promovido pelo isolamento social.

A experiência que a pandemia da COVID-19 ofereceu permitiu que pesquisadores direcionassem mais atenção as interações sociais em ambientes fechados pois entende-se que a microbiologia se tornou vital para estabelecer estratégias de retenção de doenças.

Naquele acontecimento, um espirro, a simples liberação natural de gás carbono na respiração, já poderia informar, através de sensores, se o ambiente era de risco ou se existia concentração de pessoas suficientes para aumentar as chances de contaminação. A maior dificuldade em conter a disseminação de uma pandemia está em lugares públicos onde a concentração de pessoas é alta.

No trabalho de BOESING (2023) avaliou-se as condições do ar interno em ambientes escolares da UFRS (Universidade Federal do Rio Grande do SUL). Com a pesquisa intitulada "Sistema de Monitoramento da Qualidade de ar em Escolas – Do hardware aos dados: Cenários pré e pós-covid-19", concluiu que a promoção de simples ventilação natural já é um fator determinante no combate à pandemia. O estudo foi sustentado pela presença de certos componentes no ar e na quantidade de partículas suspensas. Todos os dados foram coletados com o uso de sensores de baixo custo como, por exemplo, o PMS7003, empregado na coleta de material particulado e o sensor MH-Z19, que mede a concentração de dióxido de carbono (CO_2) no ar. O estudo revelou que a ventilação natural aumentou no período pós pandemia, conforme se pode constatar pelas informações contidas na Figura 1.

Figura 1 – Dados Coletados sobre dióxido de carbono na sala de aula analisada em BOESING(2023).

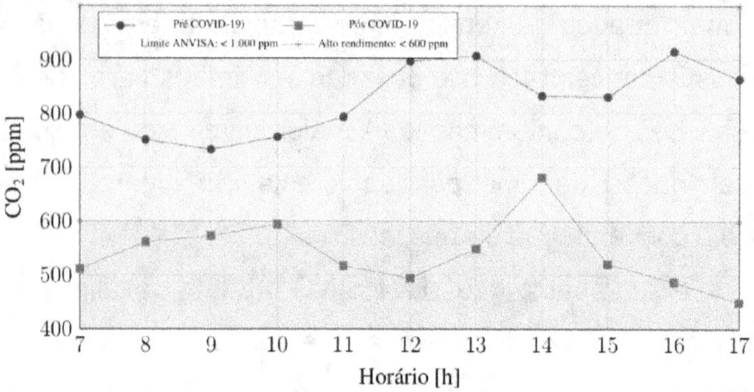

Fonte: BOESING, 2023

Os dados indicam que a quantidade de CO_2 passou a ser controlada nos ambientes fechados pela ventilação natural, mesmo que isso tenha gerado perdas térmicas nestes ambientes anteriormente refrigerados com aparelhos condicionadores de ar.

No trabalho de CRUZ (2024) foi desenvolvido um sistema de aquisição de baixo custo cujos dados foram armazenados na Plataforma Azure utilizando o protocolo de transferência *Message Queuing Telemetry Transport* (MQTT). Os testes para avaliar a qualidade do ar foram realizados em sala de aula da ETEC de Jales (Escola Técnica Estadual de

Jales). Foi apresentado um dispositivo IOT portátil, de baixo custo, que se comunicava online e que oferecia um procedimento bem amigável para gerenciar dados coletados utilizando recursos digitais remotos, na chamada "nuvem" de aplicações.

No presente trabalho o gerenciamento remoto dos dados utiliza uma solução mais simples do que a empregada por CRUZ (2024), porém, também eficiente. Os sensores registram os dados coletados dentro do microcomputador do dispositivo de análise (equipamento desenvolvido) em um formato de arquivo que pode ser lido facilmente por um editor de planilhas. Estes arquivos são acessados via conexão de rede utilizando "Real VNC", um aplicativo que estabelece conexão privada. A interface de análise fica por conta dos recursos do editor de planilha. Não há custos envolvidos, nem protocolos de transferências específicos, e o acesso aos dados utiliza procedimentos comuns a qualquer uso de computador.

No trabalho apresentado por Polanczyk (2013) se observa práticas pedagógicas que incluem o uso de giz. A autora sugere que os inconvenientes decorrentes do uso de giz podem ser reduzidos com o uso de marcadores a base de tinta e lousa branca, argumentando que estas canetas não são alérgicas e nem liberam pó.

Entretanto, cabe salientar que os fabricantes destes marcadores para quadro branco informam na documentação do produto que estes também causam irritação se o material constituinte da tinta entrar em contato com os olhos ou com a pele. Cabe então uma avaliação quantitativa para esclarecer qual composição química está expondo mais as pessoas ao risco alérgico.

4. ANÁLISES

Se para a pesquisa importa reconhecer a quantidade de partículas flutuando no ar, se espera que a temperatura do ambiente possa ser responsável pelo volume de amostras disponíveis, pois segundo a definição de calor, a energia em trânsito afeta a temperatura da matéria de tal maneira que pode aumentar ou diminuir sua agitação. A variação de entropia decorrente deste fenômeno pode levar mais ou menos partículas até o sensor. Em outras palavras, um ambiente mais quente pode oferecer um aumento de matéria reconhecida por conta da alta cinética, mas na condição de baixas temperaturas a cinética seria reduzida e assim menos partículas seriam reconhecidas pelo sensor.

As salas de aula onde o dispositivo de análise foi instalado sofrem variações de temperatura impostas por aparelhos condicionadores de ar. Geralmente esses ambientes são isolados, com portas e janelas fechadas durante a refrigeração. Também, os indivíduos presentes nas salas são fontes de calor e a energia emanada por seus corpos participa do equilíbrio térmico geral. O equilíbrio térmico não é perfeito pois o corpo humano impõe algumas condições vitais restringindo perdas de calor que ocasionem hipotermia. Então seria coerente supor que o aparelho condicionador de ar, associado ao número de pessoas no ambiente de teste, pode afetar a dinâmica de reconhecimento de partículas pelo sensor.

Para que a matéria seja transportada pelo ar, o diâmetro aerodinâmico deve possuir dimensão adequada considerando tamanho e densidade. Outro ponto a ser considerado é que qualquer partícula é um corpo em queda, e matérias minúsculas respeitam a Lei de Stokes (Fox, 2011) para escoamento que descreve velocidade de queda de acordo com a expressão 1 (Campello, 2017).

$$\omega_s = (1/18)*[(\rho_s/\rho) - 1] * [(g * d_s^2) / v] \qquad (1)$$

A velocidade de queda é ω_s. O diâmetro da matéria é d_s . A gravidade é g. A massa específica da partícula é ρ_s. A massa específica do fluído (ar) é ρ. E a viscosidade cinemática do fluido é v. Assim, uma baixa velocidade de queda permitirá que uma partícula seja transportada pelo arrasto do ar. De acordo com a CNTP (Condições Normais de Temperatura e Pressão), o ar no nível do mar possui densidade aproximada de 1,2923 g/cm^3 ou 1,2754 kg/m^3.

Para esta pesquisa interessa saber a quantidade de material estranho que chega até os pulmões arrastado e presente no ar. Foi determinado que qualquer diâmetro de matéria igual ou inferior a 0,25 µm já seria suficiente para o ensaio. O sensor PMS7003 registra diferentes diâmetros de partícula e entrega a massa de ar por metro cúbico que contém o diâmetro especificado. Assim, por exemplo, quando se apresenta nos gráficos o valor 12 µg/m^3, significa que em cada metro cúbico de ar, há 12 microgramas de partículas com diâmetro aerodinâmico de até 2.5 µm.

Essas dimensões e concentrações indicam estados de pureza ou poluição do ar. Matérias nessa escala são capazes de alcançarem, além dos alvéolos pulmonares, também a corrente sanguínea.

O dispositivo desenvolvido permaneceu por quatro dias em uma sala de aula com lousa para giz funcionando das

08h00 às 17h50. Esse processo se repetiu por dois dias em um laboratório contendo uma lousa branca laminada. Os ensaios foram acompanhados de forma remota.

A finalidade básica do experimento foi a coleta quantitativa de partículas de giz ou de fragmentos da tinta de marcador. Esperou-se dos resultados um indicativo para o tipo mais inalado durante o tempo de aula.

Foram realizadas quatro coletas nos dias 15/05, 16/05, 17/05 e 20/05 de 2024 em sala contendo lousa para giz nos horários da manhã e tarde onde ocorreram aulas com pausas do meio-dia até as 14h00. Na pausa não há pessoas nas salas, mas o dispositivo permaneceu ligado. As temperaturas e partículas de 0,25 µm coletadas nesses dias estão descritas nos gráficos das Figuras de 2 até 9 a seguir.

Figura 2 – Registro de temperatura em 15/05/2024.

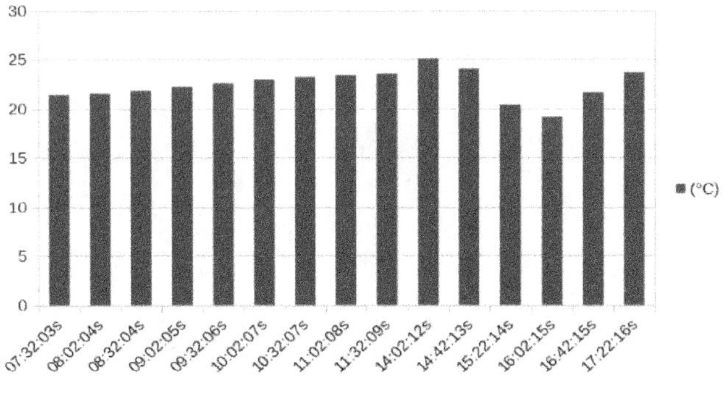

Fonte: o próprio autor

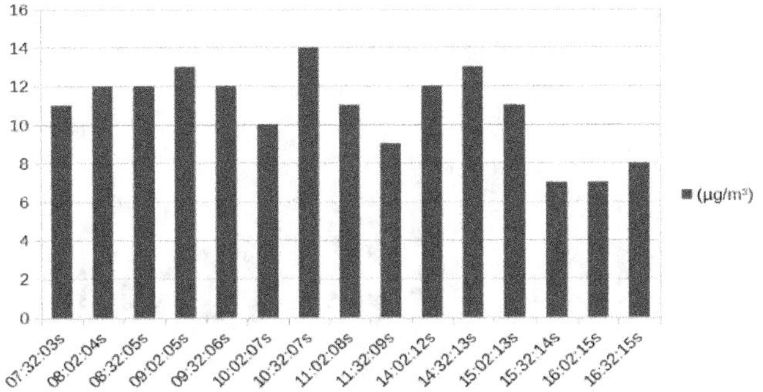

Figura 3 – Registro de partículas com 0,25 µm em 15/05/2024.

Fonte: o próprio autor

Destaca-se a queda na quantidade de partículas a partir das 15h30 em diante na figura acima.

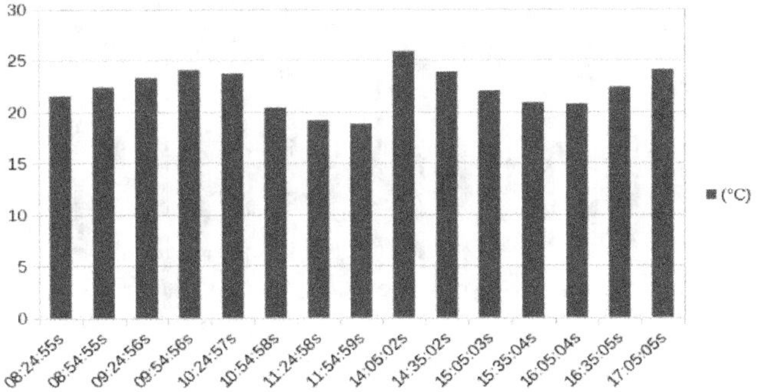

Figura 4 – Registro de temperatura em 16/05/2024

Fonte: o próprio autor

Figura 5 – Registro de partículas com 0,25 µm em 16/05/2024.

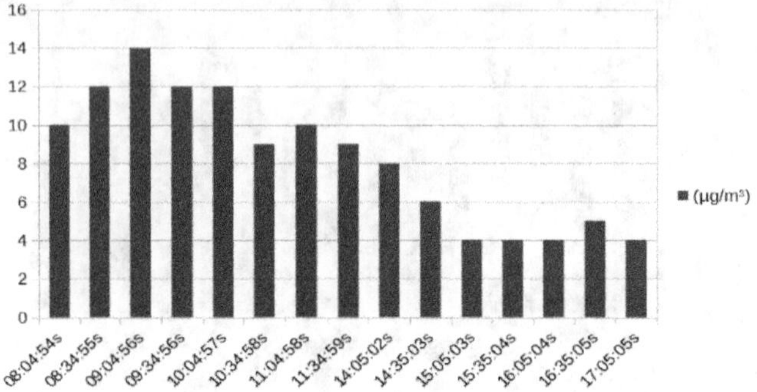

Fonte: o próprio autor

Destaca-se a queda na quantidade de partículas a partir das 14h35 em diante como mostrado na Figura 5.

Figura 6 – Registro de temperatura em 17/05/2024

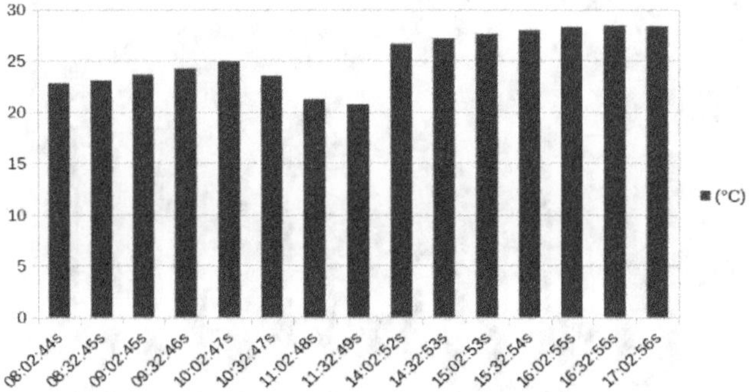

Fonte: o próprio autor

Figura 7 – Registro de partículas com 0,25 µm em 17/05/2024.

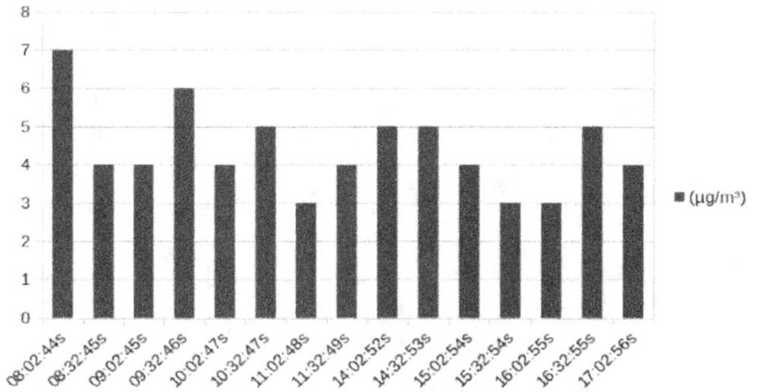

Fonte: o próprio autor

A Figura 6 apresentou as maiores temperaturas e a Figura 7 uma oscilação no número de partículas.

Figura 8 – Registro de temperatura em 20/05/2024

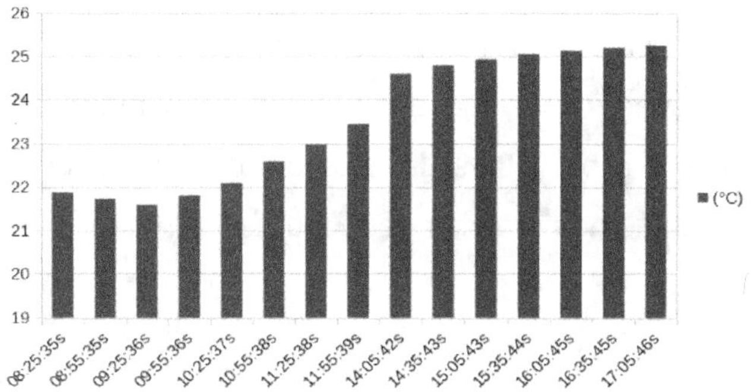

Fonte: o próprio autor

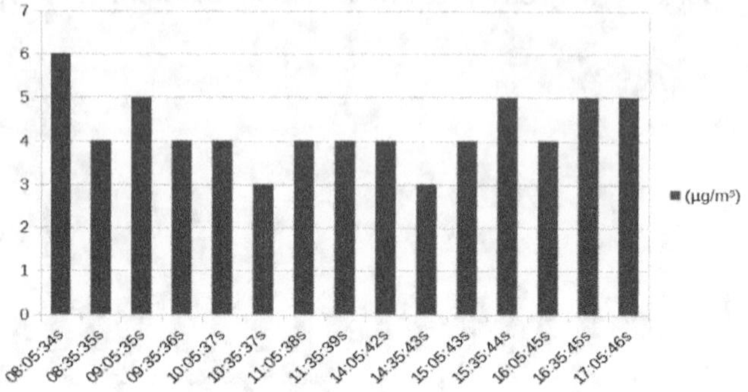

Figura 9 – Registro de partículas com 0,25 µm em 20/05/2024.

Fonte: o próprio autor

A Figura 8 mostrou menores temperaturas pela manhã em relação ao período da tarde.

Foram realizadas duas coletas nos dias 27/05, 03/06 de 2024, com duração de 2 ou 3 horas, em laboratório contendo lousa para marcadores de tinta, no período da tarde. Como o espaço é menor, a refrigeração foi mais rápida. As temperaturas e partículas de 0,25 µm coletadas nesses dias estão descritas nos gráficos das Figuras de 10 até 13.

Figura 10 – Registro de temperatura em 27/05/2024

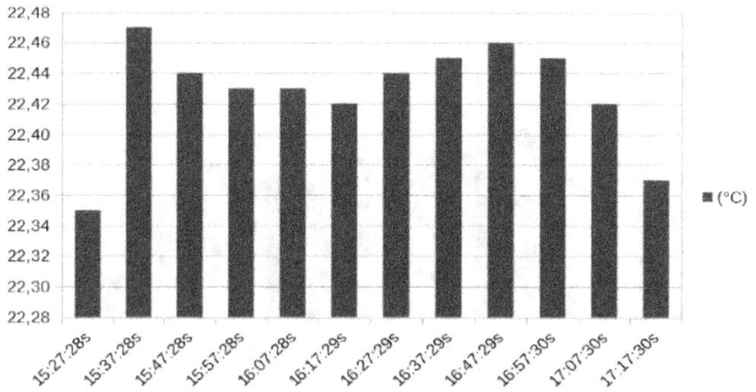

Fonte: o próprio autor

Figura 11 – Registro de partículas com 0,25 μm em 27/05/2024.

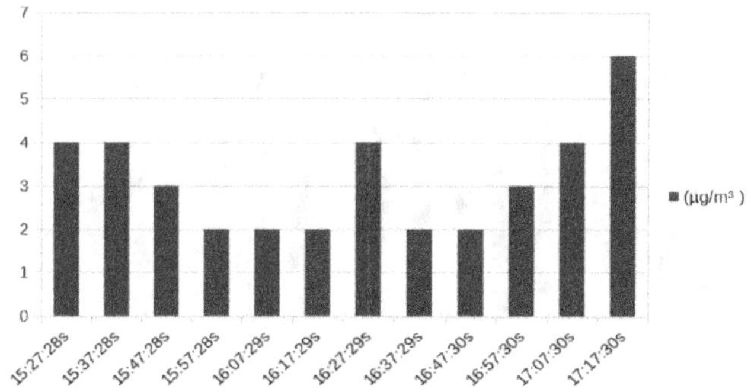

Fonte: o próprio autor

Figura 12 – Registro de temperatura em 03/06/2024

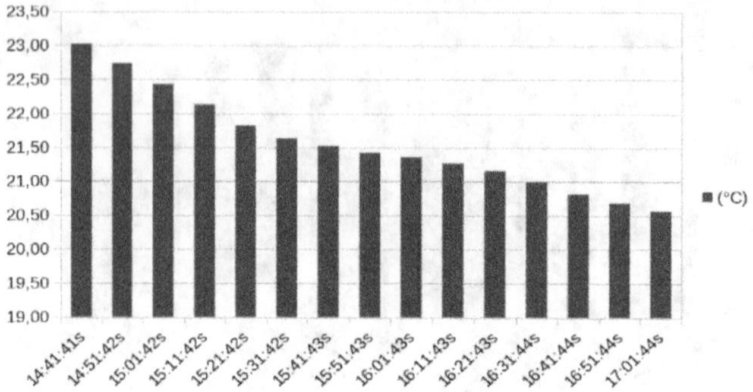

Fonte: o próprio autor

Figura 13 – Registro de partículas com 0,25 µm em 03/06/2024.

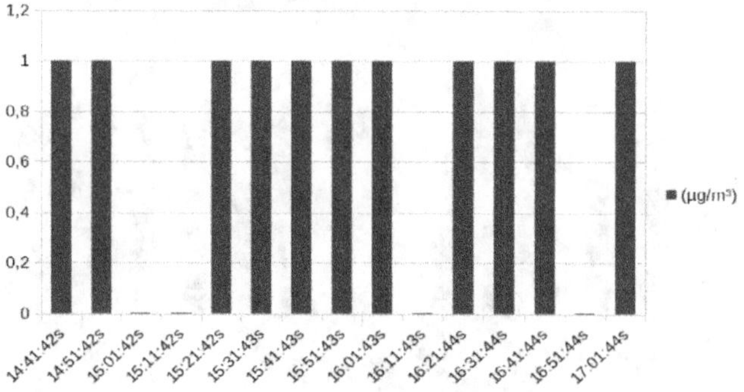

Fonte: o próprio autor

As coletas realizadas na sala com lousa para giz indicaram que o aumento de temperatura não foi capaz de causar aumento na agitação de partículas que fosse percebida pelo sensor. Ocorreu o contrário, ao longo dos quatro dias, a medida que a temperatura subiu o número de partículas percebidas diminuiu. É o que mostra a Figura 14, onde as colunas em azul comparam temperatura e as colunas em laranja comparam a quantidade de partícula.

Figura 14 – Gráfico comparativo entre temperatura e quantidade de

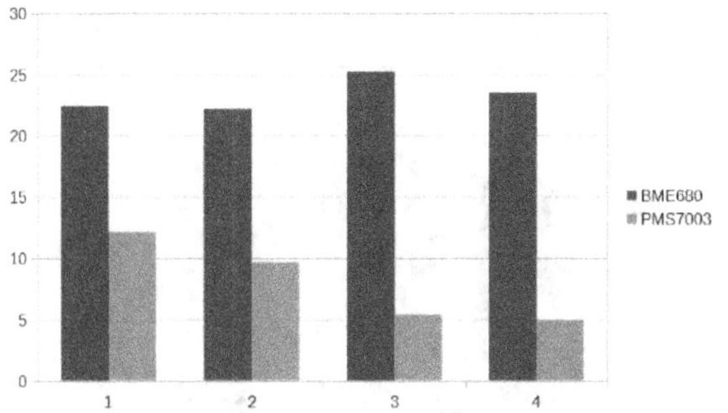

partículas nos dias em que a sala com lousa a giz foi avaliada.

Fonte: o próprio autor

Nos dados da Figura 9 o valor médio das partículas coletadas é de 4,93 µg/m³, o menor dos testes na sala com lousa para giz. Porém, o valor médio de partículas de 2,22 µg/m³ extraído da Figura 11 já mostra que na sala com lousa para marcador de tinta, a concentração de material suspenso no ar é ainda menor.

Também a comparação geral dos valores médios de temperatura e partículas coletadas nas salas mostraram que a sala com lousa para marcador estava 1 grau mais fria e apresentou concentrações de partículas 3,62 vezes menores, é o que mostra a Figura 15.

Figura 15 – Comparação geral dos valores médios de temperatura e quantidade de partículas de todas as coletas.

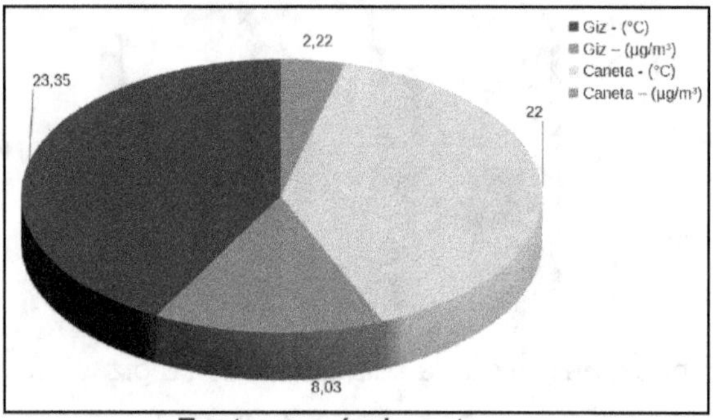

Fonte: o próprio autor

Importa salientar que seria um equívoco entender que as concentrações percebidas pelo sensor são as concentrações de partículas emitas por giz ou de algum material que compõe a tinta do marcador. Acontece que o sensor PMS7003 identifica qualquer partícula, não importa sua natureza, desde que seja de diâmetro menor ou igual a 0.25 µm. Contudo, as partículas de interesse presentes no ar impactam no volume de partículas percebidas pelo sensor e parece conveniente identificar tais concentrações pelo material avaliado.

O que leva à outra observação, o volume de partículas com diâmetros menores ou iguais a 0.25 µm é percebido nem sempre por contribuição das partículas de interesse. Uma corrente eventual de poeira no ambiente analisado carregando partículas com os diâmetros reconhecidos ocasionará resultados falsos. Dessa forma, evidencia-se a importância de manter a sala avaliada como um volume de controle capaz de sofrer ação apenas das partículas de interesse. Neste sentido é preciso certa cautela ao avaliar os resultados quantitativos dos gráficos porque nem todas as variáveis envolvidas foram previamente mapeadas.

Por fim, se os dados indicam que o volume de partículas que se deslocaram pelo ar das salas não aumentou diretamente com o aumento de temperatura, portanto, não corroborando o efeito de agitação térmica (Valim, 2020), poderia ser tal *déficit* causado pela baixa disponibilidade do material analisado.

Pois um fator crucial para a coleta é a quantidade de dados escrita na lousa. Para saber se giz ou tinta de marcador participa mais ou menos do volume de partículas de interesse é preciso padronizar o que está sendo escrito para assim obter uma coleta imparcial. Em outras palavras, o mesmo conteúdo deve ser escrito com giz e com marcador para que a coleta seja adequada, especialmente em quantidade, deixando assim que as leis gravitacionais atuem sobre a densidade do material particulado e sua presença no ar.

5. CONSIDERAÇÕES FINAIS

O trabalho, que foi desenvolvido e apresentado, teve por finalidade causar reflexões sobre os esforços direcionados ao entendimento das condições do ar respirado, visando garantir o menor impacto à saúde de alunos e de profissionais do ambiente escolar.

A motivação da pesquisa foi a busca por indicativos suficientes para a decisão de usar a melhor de duas tecnologias educacionais onde as técnicas envolvidas produzem partículas que podem ser inaladas ou causam algum tipo de alergia.

Então o uso de giz ou de marcadores a base de tinta esteve no centro de debates sobre familiaridade com instrumentos de trabalho, modernização, custos operacionais, resultados educacionais e principalmente sobre os efeitos negativos à saúde.

Para alcançar o objetivo de análise, um sistema eletrônico de baixo custo foi desenvolvido e se mostrou capaz de apresentar dados relevantes sobre partículas suspensas no ar e temperatura. O sistema foi capaz de identificar partículas de 0,25 µm de diâmetro e concentrações de 2,22 $\mu g/m^3$. Os recursos físicos para esses resultados foram circuitos digitais acessíveis no mercado.

O método utilizado, que já esteve presente em outras pesquisas, consistiu em posicionar o equipamento no espaço avaliado, deixando que interações naturais do meio produzissem o material de interesse a ser reconhecido pelos sensores. Os resultados mostraram, ao contrário do que se esperava, que a temperatura não interferiu na circulação das partículas pelo ar segundo a lei que rege a agitação térmica dos gases. Diante do aumento de temperatura a quantidade de partículas circulando pelo ar regrediu. A conclusão do fato indicou que mais variáveis no ambiente avaliado precisariam de maior controle, em especial a quantidade de material analisado. As quantidades de giz e de tinta de marcador precisam ser uniformes na presença do sensor para que a diferença de densidades determine qual material será mais bem identificado.

Finalmente, considerando os aspectos apresentados e o modo como experimento foi realizado, o giz foi reconhecido como o material com maior volume de partículas suspensas no ar.

6. REFERÊNCIAS

AGOSTINHO Ramos, Vagner Bom Jesus, Celestino Gonçalves, Filipe Caetano, Clara Silveira. Monitoring Indoor Air Quality and Occupancy with an IoT System: Evaluation in a Classroom Environment. 18th Iberian Conference on Information Systems and Technologies (CISTI). 20 – 23 June 2023, Aveiro, Portugal. p.1-6. ISBN: 978-989-33-4792-8

AVNEET Kaur, Munish Bhatia. Smart Classroom: A Review and Research Agenda. IEEE TRANSACTIONS ON ENGINEERING MANAGEMENT, VOL. 71, pp, 240-2446, 2024. DOI: 10.1109/TEM.2022.3176477

BOESING, Ivan Jorge. Sistema de monitoramento da qualidade do ar em escolas, do hardware aos dados: cenários pré e pós-covid-19. Tese (doutorado) – Universidade Federal do Rio Grande do Sul. Porto Alegre, BR–RS, 2023. Disponível em:
http://hdl.handle.net/10183/257332. Acessado em: 17/06/2024.

CAMPELLO, Bruno Souza Costa. Estudo da velocidade de queda e do início do movimento das partículas de borracha e areia. Dissertação (mestrado) - Universidade Federal de Minas Gerais, Escola de Engenharia. Belo Horizonte, BR-MG. 2017.
Disponível em:
https://www.smarh.eng.ufmg.br/defesas/1220M.PDF?src=10882. Acessado em: 20/06/2024.

CRUZ, Eduardo Lopes da. Sistema de monitoramento da qualidade do ar em ambientes internos implementando em nuvem Azure. Dissertação (mestrado) - Universidade Estadual Paulista. Faculdade de Engenharia de Ilha Solteira. Ilha Solteira, BR-SP. 2024. Disponível em:
https://hdl.handle.net/11449/254815. Acessado em 17/06/2024.

FOX, Robert W.; MCDONALD, Alan T.; PRITCHARD, Philip J. Introdução à mecânica dos fluidos. Tradução Ricardo Nicolau

Nassar Koury; Luiz Machado. 8. ed. Rio de Janeiro, RJ. LTC, 2014 .

POLANCZYK, Roberta Franciely. A qualidade de vida do professor e sua interferência na qualidade de ensino. Trabalho de conclusão de curso (Pós-Graduação "lato sensu": Interdisciplinaridade e Práticas Pedagógicas na Educação Básica).Universidade Federal da Fronteira Sul. Cerro Largo. BR – RS. 2013.
Disponível em: https://rd.uffs.edu.br/handle/prefix/259. Acessado em 17/06/2024.

TIBERIU Catalina, Andrei Damian, Andreea Vartires, Alina Dima e Vasilica Vasile. Decentralized Ventilation System in Classrooms – Analysis on the Indoor Air Quality and Energy Consumption. 11th International Conference on ENERGY and ENVIRONMENT (CIEM), 2023, p. 1-5, DOI: 10.1109/CIEM58573.2023.10349765.

UNITED NATIONS. Department of Economic and Social Affairs Sustainable Development. https://sdgs.un.org/goals. Acessado em: 09 de julho de 2024.

VALIM, Paulo. Pressão, Volume e Temperatura: O que você precisa saber. Site Ciência em Ação. Novembro, 2020. Disponível em: https://cienciaemacao.com.br/pressao-volume-e-temperatura-o-que-voce-precisa-saber/ . Acessado em: 18/06/2024.

TIBERIU Catalina, Andrei Damian, Andreea Vartires, Alina Dima e Vasilica Vasile. Decentralized Ventilation System in Classrooms – Analysis on the Indoor Air Quality and Energy Consumption. 11th International Conference on ENERGY and ENVIRONMENT (CIEM), 2023, p. 1-5, DOI: 10.1109/CIEM58573.2023.10349765.

UNITED NATIONS. Department of Economic and Social Affairs Sustainable Development. https://sdgs.un.org/goals. Acessado em: 09 de julho de 2024.

VALIM, Paulo. Pressão, Volume e Temperatura: O que você precisa saber. Novembro, 2020. Disponível em: https://cienciaemacao.com.br/pressao-volume-e-temperatura-o-que-voce-precisa-saber/ . Acessado em: 18/06/2024.

CAPÍTULO 7 | O USO DE VARIÂNCIA DE EXTENSÃO NA AMOSTRAGEM DOS PARÂMETROS DE QUALIDADE DE ÁGUA DE TORNEIRA RESIDENCIAL

Andson Pereira Ferreira
Thays de Souza João Luiz
Vládia Cristina Gonçalves de Souza

RESUMO

O presente estudo visa implantar o uso da técnica geoestatística de variância de extensão para determinar a melhor frequência de amostragem. Essa técnica já foi implantada com sucesso pela mesma autora na amostragem de águas minerais subterrâneas, obtendo um intervalo de amostragem igual três meses. A variância de extensão permite o cálculo do erro analítico em intervalos T cada vez maiores comparados a um intervalo padrão t. Para as torneiras residenciais do estudo em questão, o intervalo t é de 30 minutos, comparado a intervalos T que variaram de 60 min, 120 min, até chegarem a 1920 min. Dezesseis parâmetros de qualidade de água foram analisados por meio de kit de potabilidade caseiro, onde foram amostradas duas torneiras: uma com água proveniente da caixa d'água e outra proveniente da tubulação da rua. O intervalo de amostragem que produziu menos erros analíticos foi o de 30 minutos, visto que os erros analíticos obtidos eram maiores que 10% e que boa parte dos parâmetros não está consoante a legislação vigente.

Palavras chaves: ÁGUA SUPERFICIAL, AMOSTRAGEM, VARIÂNCIA DE EXTENSÃO.

1. INTRODUÇÃO

A amostragem de água para consumo humano é essencial para o controle dos parâmetros de qualidade que afetam a saúde humana. Esses parâmetros são os microbiológicos, os físico-químicos e os químicos (VON SPERLING, 1996). A amostragem desses parâmetros deve ser feita de forma periódica. A portaria de Potabilidade n.º 888 deixa a desejar quanto ao aspecto da definição de qual deve ser a frequência de amostragem para diversos parâmetros de qualidade tanto para a água subterrânea como para a água de abastecimento público. Os parágrafos § 1.º e § 2.º do art. 42 da referida portaria também não descrevem qual deve ser a frequência de amostragem, o parágrafo § 1.º menciona quais devem ser os parâmetros amostrados para as águas superficiais, e o parágrafo § 2.º descreve os parâmetros de qualidade da água subterrânea a serem analisados. (BRASIL, 2021).

Diante dessa conjectura, fica difícil estabelecer um número de amostras mínimas a serem analisadas e que garantam que as águas para consumo humano atendam aos padrões de potabilidade.

O presente capítulo é a continuação de um trabalho de Doutorado que propôs uma metodologia para a amostragem de águas minerais, ou seja, águas subterrâneas através do uso da variância de extensão.

Segundo os autores COSTA & SOUZA (2018, p. 6), a variância de extensão é referente ao erro de precisão que se comete ao se coletar amostras em intervalos de tempo maiores. Esse erro é calculado, comparando-se a variabilidade das amostras quando são coletadas no menor intervalo de tempo possível.

Explicando de uma forma menos técnica, fontes de água subterrâneas foram amostradas diariamente, calculou-se o erro de amostragem diária; e depois por meio da expressão matemática da variância determinaram-se os erros cometidos caso a amostragem fosse feita em intervalos de tempos maiores como 2 dias, 4 dias, 8 dias até 1024 dias. O tempo de amostragem das fontes foi um ano. O intervalo menor era de 1 dia e o erro de amostragem desse intervalo, era comparado com os intervalos de amostragem maior.

Para o caso da água superficial de torneira que é objeto de estudo desse trabalho, a amostragem foi feita a cada 30 minutos durante 8 horas. Calculou-se o erro de amostragem

para o intervalo menor de 30 minutos e depois também por meio da expressão matemática da variância de extensão, foram determinados os erros de amostragem para intervalos iguais a 60 min, 120 min, 240 min até 1920 min.

1.1 Objetivo Geral

O objetivo do presente capítulo foi utilizar a técnica de variância de extensão para determinar a frequência de amostragem para as torneiras residenciais ou torneiras da rede abastecimento público. Não há como comparar os dados obtidos com a Portaria de Potabilidade n.º 888 de 2021, porque ela não estabelece uma frequência de amostragem, mas pretende-se propor uma frequência de amostragem mínima que possa garantir os menores erros de amostragem e permita checar a qualidade da água superficial distribuída nas torneiras residenciais.

1.2 Objetivo específico

a) Estabelecer um método de amostragem caseiro dos parâmetros de qualidade de água que seja de fácil reprodutibilidade.
b) permitir análises caseiras dos parâmetros de qualidade com o uso de kit caseiros acessíveis para todos;

1.3 Questão/Pergunta problematizadora

A questão-problema ou pergunta problematizadora para esse trabalho foi: Será que os poucos dados presentes nas análises dos parâmetros de qualidade, que são mostradas nas contas de água, são confiáveis?

1.4 Justificativa

As contas de consumo de água no Brasil só apresentam a quantidade de amostras que estão em conformidade com a lei no que diz respeito aos seguintes parâmetros: pH, Cloro, cor, fluoreto, turbidez, coliformes totais, bactérias heterotróficas e Escherichia coli. Não são mostrados dados estatísticos dessas amostras para que se ateste que o número de amostras é suficiente do ponto de vista estatístico para garantir que a água da torneira atende a todos os parâmetros de qualidade vigentes na lei.

Em função disso, faz-se necessário ensinar como amostrar a água da sua torneira no tempo de coleta correto e poder averiguar se a água que ele consome está dentro dos padrões de qualidade vigentes na lei.

2. METODOLOGIA

A metodologia dessa pesquisa foi desenvolvida de forma a envolver uma sequência simples de passos para que pudesse ser reproduzir por qualquer pessoa que se interesse em amostrar os parâmetros de qualidade de água de suas torneiras residenciais.

Escolheram-se duas torneiras na cozinha de uma residência em Guarulhos, a primeira torneira corresponde a água proveniente da caixa de água e a segunda torneira corresponde a água proveniente da rua, ou dos canos de abastecimento da SABESP (Sistema de Abastecimento de Água e Esgoto de São Paulo). Escolheu-se um dia, para a realização da coleta das amostras de água que eram coletadas num intervalo de 30 minutos até totalizarem um total de 20 amostras de cada torneira.

Foi adquirido um kit de análise química de amostras por colorimetria. Esse kit é composto por fitas coloridas onde cada faixa de cor da fita que permite analisar os seguintes parâmetros: ácido cianúrico, alcalinidade, brometo, carbonato, chumbo, cloreto de amônia, cloro livre, cloro total, cobre, dureza, ferro, fluoreto, MPS (microplásticos dissolvidos na água), nitrito, nitrato e pH.

Para cada parâmetro mencionado acima, há uma escala de cores com qual a água irá reagir ao ter contato com a "tira" ou "faixa" de amostragem. Após a reação, cada parâmetro apresentará uma cor conforme a quantidade que possua daquele parâmetro. Compara-se a cor obtida com a escala de cores que está escrita no rótulo da embalagem que contém as tiras. Aí obtém-se a concentração em partes por milhão (ppm) de todos os parâmetros com exceção do pH que é expresso em um número adimensional.

A Figura 1 mostra como o teste é feito de forma bem simples e pode ser reproduzido sem dificuldades pelos leitores desse artigo.

Em cada tira de amostragem, há 16 quadradinhos com reagentes, um quadradinho para cada mencionados anteriormente. Os quadradinhos dessas tiras, ao entrarem em contato com a água, mudam de cor conforme a concentração do elemento amostrado.

Depois de um minuto que as tiras tiveram contato com a água, a concentração dos parâmetros de qualidade poderá ser lida conforme a cor final de cada quadradinho correspondente.

Figura 1 – Execução do teste de análise de água pelo kit caseiro.

Fonte: Modificado de AMAZON, 2023

Para o presente capítulo foram realizadas as seguintes etapas:

a) Amostragem da água das duas torneiras;
b) Pesquisa bibliográfica em normas técnicas, livros e artigos científicos da área;
c) Tabulação dos dados;
d) Construção dos variogramas no software SGeMS;
e) Cálculo da variograma no software GSLIB;
f) Cálculo da variância de extensão no Excel;
g) Cálculos dos erros analíticos para os seguintes intervalos de confiança: IC = 64%, IC = 95% e IC = 99%.
h) Construção das tabelas do intervalo de coleta versus erros analíticos para os 16 parâmetros.

3. DETERMINAÇÃO DO NÚMERO MÍNIMO DE AMOSTRAS

Após a obtenção dos resultados das análises dos parâmetros de qualidade, realiza-se a análise estatística obtendo o sumário estatístico dos dados (média, mediana, desvio padrão, coeficiente de variação etc.) para cada torneira amostrada. Aplica-se a equação 1, a seguir, para determinar o erro em função do número de amostras obtidas para os níveis de confiança iguais 90, 95 e 95% (MONTGOMERY & RUNGER, 2003):

$$n = \left(\frac{z_c \sigma}{E}\right)^2 \qquad (1)$$

Onde:

n = número mínimo de amostras

z_C = valor crítico tabelado conforme o nível de confiança requerido

E = margem de erro esperada

σ = desvio padrão

3.1 Variáveis aleatórias versus variáveis regionalizadas da Geoestatística

Para a amostragem dos parâmetros tanto das águas subterrâneas (Luiz et. al. 2023) como das águas superficiais deve-se considerar que estes parâmetros como sendo variável regionalizadas que podem ser representadas pela função variograma mostrada na Figura 2.

Armstrong (1998) ensina que as variáveis regionalizadas possuem dois aspectos que podem parecer aparentemente contraditórios: o seu aspecto randômico, que explica suas irregularidades locais e o aspecto estrutural que reflete as tendências em larga escala. Tal constatação justifica o fato de os fenômenos naturais, com destaque para os fenômenos geológicos e hidrogeológicos, serem estudados de forma deficitária pelos métodos clássicos de estatística, pois eles só consideram o aspecto randômico das variáveis e ignoram o seu aspecto estrutural.

Figura 2 – Semivariograma experimental e os seus parâmetros.

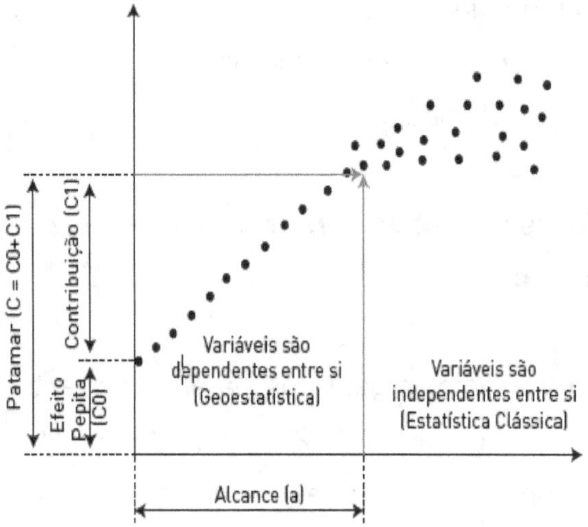

Fonte: (Luiz et. al. 2023)

O comportamento randômico e o comportamento estruturado são expressos pela função semivariograma cuja fórmula é descrita pela Equação 2 a seguir (ARMSTRONG, 1998):

$$\gamma(t) = 0{,}5[Var(Z(t+\Delta t)) + Var(Z(t))] = \sigma^2$$

Onde:

Δt é o intervalo de amostragem (minutos);

σ^2 é a variância de cada parâmetro amostrado ao longo de diferentes intervalos de tempo;

$Z(t)$ é o teor de cada parâmetro amostrado no tempo t;

$Z(t+\Delta t)$ é o teor de cada parâmetro amostrado no tempo t mais Δt.

3.2 Tipo de Semivariograma utilizado

Neste artigo, o modelo de variograma utilizada foi o esférico. A equação para o modelo esférico é descrita na Equação 3 (ARMSTRONG, 1998).

$$\{\gamma(t) = C_0 + C_1\left[1{,}5\left(\frac{t}{a}\right) + 0{,}5\left(\frac{t}{a}\right)^3\right] \gamma(t) = C_1 + C_0, t \geq a\,, t < \quad (3)$$

Onde:

1. t é intervalo de coleta em minutos (t);
2. a é alcance ou range de cada variograma para os parâmetros de cada torneira;
3. C_0 é o nugget effect ou efeito pepita do variograma, corresponde aos erros de medição;

4. C_1 é o sill ou contribuição do variograma, o sill corresponde à variância dos dados menos o efeito pepita. Os dados variam conforme de forma regionalizada até o alcance a e atingem a variância total dos dados σ^2.

Os procedimentos para se fazer o ajuste da função semivariograma podem ser compreendidos por meio da leitura dos seguintes autores: Deutsch & Journel, 1998; Goovaerts 1997. Os variogramas foram calculados e ajustados por meio do SGeMS (software de versão acadêmica). Esse software pode ser acessado livremente na internet (Sourceforge, 2023).

3.3 Cálculo da Variância de extensão

O cálculo da variância de extensão é uma estimativa do erro de precisão cometido quando se retiram amostras em intervalos de tempo mais longos, considerando o intervalo de tempo mínimo em que é possível realizar a coleta de amostras. Neste trabalho, o intervalo mínimo foi de 30 minutos (t_{min}), desejava-se saber qual seria o erro analítico obtido se a coleta tivesse sido realizada a cada 30 minutos (t), a cada 60 minutos (T=2t) e assim por diante. A Equação 4 foi usada para se determinar a variância de extensão (WackernageL, 2003):

$$\sigma^2_{ext}\left(\frac{t_{min}}{T}\right) = 2\underline{\gamma}\left(\frac{t_{min}}{t}\right) - \underline{\gamma}\left(\frac{t_{min}}{T}\right) \quad (4)$$

Onde:

$\sigma^2_{ext}\left(\frac{t_{min}}{T}\right)$ é a variância de extensão devido ao erro que se comete ao estendermos a variância da população, cuja coleta se deu a cada 30 minutos, para a população onde a coleta foi feita a cada 60 min ou 120 min, etc.

$\underline{\gamma}\left(\frac{t_{min}}{t}\right)$ é a variância de dispersão considerando um intervalo de tempo pequeno "t" (30 minutos, por exemplo).

$\underline{\gamma}\left(\frac{t_{min}}{T}\right)$ é a variância calculada levando-se em conta um intervalo de tempo mais longo, sendo o dobro do intervalo "t", por exemplo, 60 minutos.

O software GSLIB — Geostatistics Software Library, software desenvolvido pela Stanford University (Deutsch & Journel, 1998) foi utilizado para o cálculo da variância de extensão (GSLIB, 2023).

Como existem vários variogramas dentro do intervalo de tempo t ou T, calculou-se o variograma médio γ para cada novo intervalo de tempo. Isto foi feito por meio do algoritmo "gammabar" do software GSLIB. Neste caso, os parâmetros de entrada (a, C_0, C_1) são provenientes do ajuste do variograma original. O variograma original foi calculado com base na população coletada no intervalo mínimo de coleta possível (que neste caso 30 minutos). Os variogramas originais foram calculados, começando com t igual a 30 minutos e terminando em 1920 minutos, consistindo no agrupamento por pares ou σ^2 para Δt igual a 60 minutos dias até 1920 minutos.

3.4 Cálculo do Erro Analítico

Depois do cálculo da variância de extensão, calculou-se variância relativa dos dados para os seguintes intervalos de confiança (IC): 68% e 99,9%. A Equação 5 mostra como foi feito o cálculo conforme os autores Montgomery and Runger 2003):

$$\sigma_{rel}^2 = \frac{\sigma_{abs}^2}{\underline{x^2}} \quad (5)$$

Onde:

σ_{rel}^2 é a variância relativa,

$\underline{x^2}$ média quadrática dos dados originais

σ_{abs}^2 é a variância absoluta determinada por meio do cálculo da variância de extensão para cada intervalo de amostragem.

Depois do cálculo da variância relativa, o desvio padrão relativo é obtido conforme a Equação 6 a seguir:

$$\sigma_{rel} = \sqrt{\sigma_{rel}^2} \quad (6)$$

Os erros analíticos para os intervalos de confiança iguais a 68, 95 and 99% costumam ser calculados desta forma: para IC = 68%: $\pm \sigma_{rel} \cdot \underline{x}$; para IC = 95%: $\pm 2\sigma_{rel} \cdot \underline{x}$ e para IC = 99%: $\pm 3\sigma_{rel} \cdot \underline{x}$.

3.5 — Trabalhos Relevantes Realizados na Área

Os autores Costa & Souza (2018) implantaram um projeto de pesquisa e extensão na Universidade Federal do Rio Grande do Sul, em que eles usam a técnica da variância de extensão para determinar o intervalo de amostragem de diversos minérios. Desse projeto de extensão surgiram os trabalhos dos autores Tomazi (2022) e Pinto (2022), onde os dois autores usaram a variância de extensão para determinar o melhor intervalo de coleta de amostras de carvão mineral, proveniente das minas do Rio Grande do Sul. Nos dois trabalhos, houve a amostragem horária do minério de carvão, e o menor intervalo de amostragem que os autores recomendam é de 1 hora.

Do projeto de extensão dos autores Costa & Souza (2018) também se originaram os trabalhos da autora Luiz (2021) e dos autores Luiz et. al. (2023). Os dois trabalhos consistiram em usar o conceito de variância de extensão para determinar a melhor frequência de amostragem para os parâmetros de qualidade de 16 fontes de águas minerais localizadas em São Paulo e Minas Gerais.

4. RESULTADOS DAS ANÁLISES PARA AS DUAS TORNEIRAS

Os resultados das análises foram tabulados e analisados estatisticamente. A Tabela 1 contém o sumário estatístico e os parâmetros dos variogramas para torneira 1, e a Tabela 2 contém o sumário estatístico e os dados dos variograma para a torneira 2, ambos as tabelas se encontram no anexo

4.1 Tabelas dos Erros Analíticos versus Intervalo de Coleta

A variância de extensão foi determinada base no sumário estatístico e nos dados dos variogramas. Para não sobrecarregar este trabalho com tabelas extensas sobre os resultados da variância de extensão, foi preferível disponibilizar

as tabelas com os resultados dos erros analíticos obtidos para cada intervalo de coleta de amostragem, para tornar mais fácil a leitura e compreensão dos resultados obtidos. A Tabela 2 mostra os erros analíticos para a torneira 1 e para torneira 2.

4.2 Discussões sobre os resultados obtidos

Para as duas torneiras, os erros de amostragem foram superiores a 10% (nos três intervalos de confiança IC = 64%, IC = 95% e IC = 99%), no intervalo de amostragem de 30 minutos, para os seguintes parâmetros de qualidade: ácido cianúrico, alcalinidade, carbonato, cloro livre, cloro total, dureza, MPS (material particulado sólido), nitrato e nitrito.

Também para as duas torneiras, os parâmetros que tiveram erros de amostragem inferiores a 10%, no intervalo de amostragem igual a 30 minutos, para os três intervalos de confiança mencionados anteriormente foram: brometo, cloreto de amônia e pH.

Para a torneira 1, os valores para os seguintes parâmetros foram iguais a zero: chumbo, cobre e ferro. Para a torneira 2, os parâmetros cujos valores foram iguais a zero foram: chumbo, cobre, dureza e ferro.

As análises das águas torneiras apresentaram resultados extremamente preocupantes para alguns parâmetros de qualidade. Uma breve descrição dos resultados será feita a seguir.

Quanto à quantidade de cloro livre, ambas as torneiras atendem ao valor mínimo exigido por lei que é de 0,2 ppm (partes por milhão) ou 0,2 mg/L. O teor médio de fluoreto foi de 9,67 ppm para a torneira 1 e 6,05 ppm para a torneira 2.

Para ambas as torneiras o teor de fluoreto excedeu o valor máximo permitido por lei que é de 1,5 ppm.

Na Portaria n.º 888, o valor máximo permitido para a amônia é de 1,2 ppm (OLIVEIRA & DE OLIVEIRA, 2022). Na torneira 1 obteve-se o teor médio de cloreto de amônia igual a 54,29 ppm e na torneira 2, o teor médio de cloreto de amônia foi igual a 64,29 ppm.

Os teores médios para o cloro total estão muito abaixo do recomendável na legislação, que é de 2 ppm, para garantir a desinfecção da água. Para a torneira 1, obteve-se o teor médio igual a 0,16 ppm e para a torneira 2, obteve-se o teor médio igual a 0,16 ppm. Esses teores estão muito aquém do valor recomendado para garantir a desinfecção da água contra bactérias, protozoários e vírus.

Segundo o artigo 39 da Portaria de potabilidade n.° 888 (Brasil, 2021), a soma das concentrações de nitrato e nitrito não deve exceder a 1 mg/ml. Para atorneira 1, a concentração média de nitrato foi igual a 1,18 mg/ml e a de nitrito foi igual a 0,04 mg/ml. A soma das concentrações médias de nitrato e nitrito foi igual a 1,23 mg/L. Para a torneira 2, a concentração média de nitrato foi 1,07 mg/ml e a de nitrito foi 0,19 mg/L., a soma das concentrações de nitrato e nitrito deu 1,26 mg/L. Para ambas as torneiras, a soma das concentrações de nitrato e nitrito resultou num valor ligeiramente maior que 1 mg/L ou 1 ppm.

O nível máximo recomendado para o ácido cianúrico em águas de piscinas é de 100 ppm. Para a torneira 1, obteve-se o teor médio de 1,19 ppm e para torneira 2, o teor foi igual 0,24 ppm. Não há motivos para se preocupar quanto aos valores desse parâmetro para as duas torneiras.

O valor máximo aceitável para a dureza total é de 300 mg/L. Para a torneira 1, obteve-se o valor médio de 14,29 mg/L e para torneira 2, todos os valores obtidos para dureza foram iguais a zero.

Conforme as recomendações do Laboratório Laboratuvar (Laboratuvar, 2023), o teor máximo aceitável para o brometo na água potável é igual a 1 ppm ou 1 mg/L. Para a torneira 1, obteve-se o valor alarmante de1,76 ppm. E para torneira 2, o valor foi igual a 4,81 ppm.

A faixa recomendável para o pH da água das torneiras é entre 6,0 e 7,0. Para a torneira 1, o pH médio foi igual a 6,22 e para torneira 2, o pH foi igual a 6,36.

O valor máximo permitido para o MPS (material particulado dissolvido) é de 500 ppm. Para a torneira 1, o valor médio do MPS foi 1,13 ppm e para torneira 2 foi igual a 0,25 ppm.

Para a alcalinidade não há valor máximo permitido previsto na legislação. Para a torneira 1, o valor médio da alcalinidade foi igual a 24,54 ppm e para torneira 2 foi igual 32,14 ppm.

Além dos erros de amostragem obtidos, quando se tomam intervalos de coleta maiores que 30 minutos, tem-se outra ressalva com relações aos resultados obtidos. Os teores de brometo, cloreto de amônia, cloro livre, cloro total, fluoreto, nitrato e nitrito estão em desconformidade com a legislação vigente.

Com os erros de amostragem sendo muito superiores a 10%, em intervalos de coleta menores que 30 minutos, corre-se o risco de obter um valor menor que o valor mínimo recomendável, como para os casos do cloro livre e cloro total. Com base nos resultados obtidos
recomenda-se que o intervalo de coleta de amostragem seja sempre menor ou igual a 1 h, ou 60 minutos, durante um turno de 8 horas seguida.

5. CONSIDERAÇÕES FINAIS

Foi obtido um intervalo de coleta mínimo de 60 minutos. Esse intervalo pode parecer pequeno, mas corresponde à metade do intervalo que a Portaria de Potabilidade n.° 888 (Brasil, 2021) recomenda em seu Anexo 13.

Pelo fato de a água de abastecimento percorrer um longo caminho até checar ao consumidor, é de se esperar que a água passe por sistemas de tubulações da rua ou mesmo subterrâneos que estejam em estado deterioração e/ou oxidação que acabem causando o acúmulo de elementos na água como ferro, nitrito, cobre, carbonato ou chumbo, que acabam alterando os níveis permitidos desses compostos na água que chega às torneiras residenciais. Por isso, faz-se necessária uma frequência de amostragem menor nas torneiras residenciais do que nas saídas dos sistemas de abastecimento.

6. REFERÊNCIAS

ARMSTRONG, Margaret. Basic linear geostatistics. Berlin: Springer, 1998.

BRASIL. Ministério de Minas e Energia. Portaria SEI n.º 819, DE 3 DE DEZEMBRO DE 2018. Estabelece instruções sobre análises oficiais de fontes de água mineral, termal, gasosa, potável de mesa ou destinada a fins balneários.

BRASIL. Ministério da Saúde. Gabinete do Ministro. Portaria GM/MS n.º 888, de 4 de maio de 2021. Altera o Anexo XX da Portaria de Consolidação GM/MS n.º 5, de 28 de setembro de 2017, para dispor sobre os procedimentos de controle e de vigilância da qualidade da água para consumo humano e seu padrão de potabilidade, 21 p.. Acesso em 27 ago. 2023.

COSTA, João Felipe Leite; SOUZA, Vladia Cristina Gonçalves. Variografia, incluindo Variância de Extensão na Amostragem: Vantagens e Limitações. N.° PROJETO: 32927 — UFRGS — Projeto de Pesquisa — Relatório
Final. Programa de Pós-Graduação em Engenharia de Minas, Metalúrgica e Materiais (PPGE3M) da Universidade Federal do Rio Grande do Sul. Porto Alegre, 2018.

DEUTSCH, Clayton V.; JOURNEL, Andre G. GSLIB Geostatistical Software and User's Guide. New York: Oxford University Press, 1998.

GOOVAERTS, Pierre. Geostatistics for natural resources evaluation. Oxford University Press, 1997.

GSLIB. Geostatistical Software Library. 2023. Disponível em: http://www.gslib.com/. Acesso em 02 set. 2023.

Laboratuvar. 2023. Brometo Determinação (Em água). Disponível em: https://www.laboratuvar.com/pt/gida-analizleri/kimyasal-analizler/bromur-tayini-sularda#:~:text=Em%20condi%C3%A7%C3%B5es%20normais%2C%20o%20teor,excede%201%20mg%20%2F%20l). Acesso em 06 jun. 2023.

LUIZ, T. S. J. Uso de variância de extensão na amostragem dos parâmetros de águas minerais. Tese de Doutorado. Programa de Pós-Graduação em Engenharia de Minas, Metalúrgica e Materiais (PPGE3M) da Universidade Federal do Rio Grande do Sul. Porto Alegre, 2021.

LUIZ, T. S. J.; SOUZA, V. C. G.; KOPPE, J. C. Uso de variância de extensão na amostragem dos parâmetros de Águas Minerais. 1. ed. — Jundiaí [SP]: Paco, 2023.

MONTGOMERY, Douglas C.; RUNGER, George C. Applied Statistics and Probability for Engineers. New Jersey: Wile Hoboken, 2003.

OLIVEIRA, F. da Silva.; de OLIVEIRA, G. S. AVALIAÇÃO DA REMOÇÃO DE NITROGÊNIO AMONIACAL DE ÁGUAS DESTINADAS AO CONSUMO HUMANO COM O USO DE VERMICULITA QUIMICAMENTE ATIVADA. Trabalho de Conclusão de Curso. Curso de Química Industrial. Instituto Federal do Espírito Santo. Vila Velha, 2022.

PINTO, L. P. A. Otimização de Protocolos de Amostragem de Minérios. Dissertação de Mestrado. Programa de Pós-Graduação em Engenharia de Minas, Metalúrgica e de Materiais — PPGE3M. Universidade Federal do Rio Grande do Sul. Porto Alegre, 2022.

SOURCEFORGE. 2023. SGeMS. Disponível em: https://sourceforge.net/projects/sgems/. Acesso em 02 set. 2023.

TOMAZI, G. L. Erro de Extensão na Amostragem de Minérios. Dissertação de Mestrado. Programa de Pós-Graduação em Engenharia de Minas, Metalúrgica e de Materiais — PPGE3M. Universidade Federal do Rio Grande do Sul. Porto Alegre, 2022.

VON SPERLING, M. Introdução à qualidade das águas e ao tratamento de esgotos. 2. ed. Belo Horizonte: Depto de Engenharia Hidráulica e Sanitária, UFMG, 1996. 243 p.

WACKERNAGEL, Hans. Multivariate geostatistics. Springer, 2003

Tabela 1 — Sumário Estatístico e dados dos variogramas para as torneiras 1 e 2;**Torneira** 1

parâmetro	média	variância	desvio padrão	coeficiente de variação	mín.	quartil inferior	mediana	quartil superior	máx	efeito pepita	sill	alcance mínimo	alcance médio	alcance máximo
ácido cianúrico	1,19	19,76	4,45	373%	0	0	0	0	20	3,95	15,81	217,35	217,35	217,35
alcalinidade	24,54	79,76	8,93	36%	10	20	20	30	40	15,95	63,81	24,15	24,15	24,15
brometo	1,76	0,44	0,66	38%	0,5	1,5	2	2	4	0,09	0,35	53,13	53,13	53,13
carbonato	19,80	124,26	11,15	56%	0	20	20	30	40	24,85	99,41	62,79	62,79	62,79
chumbo	0,00	0,00	0,00	0%	0	0	0	0	0	0,00	0,00	483	483	483
cloreto de amônia	54,29	265,71	16,30	30%	10	50	50	60	100	53,14	212,57	38,64	38,64	38,64
cloro livre	0,30	0,03	0,17	57%	0	0,2	0,25	0,5	0,5	0,01	0,02	24,15	24,15	24,15
cloro total	0,16	0,01	0,10	62%	0,1	0,1	0,1	0,25	0,5	0,00	0,01	188,37	188,37	188,37
cobre	0,00	0,00	0,00	0%	0	0	0	0	0	0,00	0,00	483	483	483
dureza	14,29	76,34	8,74	61%	0	10	12,5	20	25	15,27	61,07	28,98	28,98	28,98
ferro	0,00	0,00	0,00	0%	0	0	0	0	0	0,00	0,00	483	483	483
fluoreto	9,67	129,23	11,37	118%	2	4	5	10	50	25,85	103,39	77,28	77,28	77,28
MPS	1,13	18,72	4,33	382%	0	0,1	0,1	0,5	20	3,74	14,98	33,81	33,81	33,81
nitrato	1,18	3,69	1,92	163%	0	1	1	2	5	0,74	2,95	43,47	43,47	43,47
nitrito	0,04	0,00	0,05	131%	0	0	0	0,1	0,1	0,00	0,00	241,5	241,5	241,5
pH	6,22	0,05	0,21	3%	6	6	6,2	6,4	6,8	0,01	0,04	67,62	67,62	67,62

Torneira 2

parâmetro	média	variância	desvio padrão	coeficiente de variação	mínimo	quartil inferior	mediana	quartil superior	máximo	efeito pepita	sill	alcance mínimo	alcance médio	Alcance máximo
ácido cianúrico	0,24	1,19	1,09	458%	0	0	0	0	5	0,24	0,95	19,32	19,32	19,32
alcalinidade	32,14	96,43	9,82	31%	10	30	30	40	50	19,29	77,14	62,79	62,79	62,79
brometo	4,81	2,16	1,47	31%	1	4	6	6	6	0,43	1,73	62,79	62,79	62,79
carbonato	25,48	264,76	16,27	64%	0	10	20	40	60	52,95	211,81	28,98	28,98	28,98
chumbo	0,00	0,00	0,00	0%	0	0	0	0	0	0,00	0,00	483,00	483,00	483,00
cloreto de amônia	64,29	495,71	22,26	35%	10	50	60	80	100	99,14	396,57	38,64	38,64	38,64
cloro livre	0,58	0,13	0,36	62%	0	0,4	0,5	0,8	1,5	0,03	0,10	33,81	33,81	33,81
cloro total	0,16	0,02	0,13	83%	0	0,1	0,1	0,25	0,5	0,00	0,01	67,62	67,62	67,62
cobre	0,00	0,00	0,00	0%	0	0	0	0	0	0,00	0,00	483,00	483,00	483,00
dureza	0,00	0,00	0,00	0%	0	0	0	0	0	0,00	0,00	483,00	483,00	483,00
ferro	0,00	0,00	0,00	0%	0	0	0	0	0	0,00	0,00	483,00	483,00	483,00
fluoreto	6,05	14,47	3,80	63%	2	3	5	10	15	2,89	11,58	159,39	159,39	159,39
MPS	0,25	0,10	0,31	126%	0	0	0,1	0,5	1	0,02	0,08	101,43	101,43	101,43
nitrato	1,07	2,91	1,71	160%	0	0	0,2	1	5	0,58	2,33	77,28	77,28	77,28
nitrito	0,19	0,04	0,21	113%	0	0	0,1	0,5	0,5	0,01	0,04	91,77	91,77	91,77
pH	6,36	0,11	0,33	5%	6	6	6,4	6,8	6,8	0,02	0,09	24,15	24,15	24,15

Fonte: Autores

Tabela 2 — Erro analítico versus intervalo de coleta para torneira 1

Torneira 1													
Intervalo de Confiança — IC = 64%													
Intervalo	ácido cianúrico	alcalinidade	brometo	carbonato	cloreto de amônia	cloro livre	cloro total	dureza	fluoreto	MPS	nitrato	nitrito	pH
30	279,44%	6,04%	3,45%	7,16%	2,73%	14,86%	7,44%	14,68 %	29,57 %	494,71 %	73,67 %	138,02 %	0,03%
60	285,37%	9,05%	6,00%	11,47%	4,83%	22,19%	7,68%	23,59 %	42,04 %	847,33 %	131,26 %	137,81 %	0,04%
120	335,04%	11,01%	9,31%	19,16%	6,68%	27,01%	9,72%	29,75 %	74,37 %	1123,42 %	189,71 %	138,92 %	0,07%
240	575,39%	12,11%	11,52 %	24,92%	7,81%	29,67%	17,37%	33,42 %	102,12 %	1286,15 %	227,17 %	143,67 %	0,09%
480	905,78%	12,68%	12,77 %	28,32%	8,44%	31,05%	25,54%	35,41 %	118,80 %	1369,77 %	247,79 %	152,15 %	0,11%
960	1135,88%	12,98%	13,43 %	30,16%	8,76%	31,76%	30,69%	36,44 %	127,85 %	1413,61 %	258,65 %	158,76 %	0,11%
1920	1266,80%	13,13%	13,76 %	31,12%	8,93%	32,12%	33,53%	36,96 %	132,58 %	1435,48 %	264,22 %	162,62 %	0,12%
Intervalo de Confiança — IC = 95%													
Intervalo	ácido cianúrico	alcalinidade	brometo	carbonato	cloreto de amônia	cloro livre	cloro total	dureza	fluoreto	MPS	nitrato	nitrito	pH

30	558,89%	12,07%	6,89%	14,32%	5,45%	29,72%	14,87%	29,36%	59,14%	989,42%	147,35%	276,04%	0,05%
60	570,74%	18,09%	12,00%	22,94%	9,65%	44,38%	15,36%	47,18%	84,07%	1694,65%	262,52%	275,63%	0,08%
120	670,08%	22,02%	18,61%	38,32%	13,35%	54,02%	19,44%	59,50%	148,74%	2246,85%	379,42%	277,83%	0,14%
240	1150,78%	24,22%	23,04%	49,83%	15,62%	59,33%	34,73%	66,85%	204,24%	2572,31%	454,35%	287,34%	0,18%
480	1811,56%	25,36%	25,54%	56,64%	16,88%	62,11%	51,07%	70,81%	237,60%	2739,54%	495,57%	304,29%	0,21%
960	2271,76%	25,96%	26,85%	60,33%	17,53%	63,53%	61,38%	72,87%	255,71%	2827,23%	517,31%	317,52%	0,22%
1920	2533,61%	26,26%	27,53%	62,23%	17,86%	64,23%	67,07%	73,92%	265,15%	2870,96%	528,43%	325,24%	0,23%
Intervalo de Confiança — IC = 99%													
Intervalo	ácido cianúrico	alcalinidade	brometo	carbonato	cloreto de amônia	cloro livre	cloro total	dureza	fluoreto	MPS	nitrato	nitrito	pH
30	838,33%	18,11%	10,34%	21,48%	8,18%	44,59%	22,31%	44,03%	88,72%	1484,13%	221,02%	414,06%	0,08%
60	856,11%	27,14%	18,00%	34,41%	14,48%	66,57%	23,04%	70,76%	126,11%	2541,98%	393,78%	413,44%	0,12%
120	1005,11%	33,03%	27,92%	57,48%	20,03%	81,03%	29,16%	89,25%	223,10%	3370,27%	569,14%	416,75%	0,21%
240	1726,17%	36,33%	34,56%	74,75%	23,44%	89,00%	52,10%	100,27%	306,36%	3858,46%	681,52%	431,01%	0,27%
480	2717,35%	38,05%	38,31%	84,96%	25,32%	93,16%	76,61%	106,22%	356,40%	4109,32%	743,36%	456,44%	0,32%
960	3407,64%	38,94%	40,28%	90,49%	26,29%	95,29%	92,07%	109,31%	383,56%	4240,84%	775,96%	476,29%	0,34%
1920	3800,41%	39,39%	41,29%	93,35%	26,79%	96,35%	100,60%	110,89%	397,73%	4306,44%	792,65%	487,86%	0,35%
Torneira 2													

Intervalo de Confiança — IC = 64%

Intervalo	ácido cianúrico	alcalinidade	brometo	carbonato	cloreto de amônia	cloro livre	cloro total	dureza	fluoreto	MPS	nitrato	nitrito	pH
30	707,76%	2,11%	2,10%	15,86%	3,66%	12,96%	173,24%	7,96%	32,54%	54,50%	26,54%	0,28%	707,76%
60	1127,56%	3,41%	3,41%	25,70%	6,45%	22,21%	296,92%	8,40%	39,39%	77,47%	33,88%	0,35%	1127,56%
120	1379,97%	5,66%	5,64%	32,71%	8,84%	29,43%	393,54%	11,75%	69,63%	136,37%	60,79%	0,38%	1379,97%
240	1516,96%	7,30%	7,30%	36,80%	10,26%	33,75%	451,27%	20,89%	105,78%	188,12%	89,60%	0,41%	1516,96%
480	1588,25%	8,26%	8,25%	39,01%	11,03%	36,10%	482,73%	28,90%	129,47%	219,91%	107,56%	0,42%	1588,25%
960	1624,32%	8,77%	8,76%	40,13%	11,42%	37,31%	498,84%	33,74%	142,66%	237,44%	117,46%	0,42%	1624,32%
1920	1642,43%	9,03%	9,02%	62,62%	11,62%	37,93%	507,21%	36,34%	149,58%	246,65%	122,63%	0,43%	1642,43%

Intervalo de Confiança — IC = 95%

Intervalo	ácido cianúrico	alcalinidade	brometo	carbonato	cloreto de amônia	cloro livre	cloro total	dureza	fluoreto	MPS	nitrato	nitrito	pH
30	1415,52%	4,22%	4,20%	31,72%	7,33%	25,91%	346,48%	15,92%	65,09%	109,01%	53,08%	0,56%	1415,52%
60	2255,12%	6,82%	6,82%	51,40%	12,91%	44,41%	593,83%	16,79%	78,77%	154,94%	67,75%	0,69%	2255,12%
120	2759,94%	11,31%	11,29%	65,43%	17,68%	58,86%	787,08%	23,49%	139,26%	272,73%	121,59%	0,77%	2759,94%
240	3033,92%	14,61%	14,61%	73,60%	20,53%	67,50%	902,53%	41,77%	211,55%	376,25%	179,20%	0,81%	3033,92%
480	3176,50%	16,51%	16,51%	78,02%	22,05%	72,20%	965,46%	57,80%	258,94%	439,82%	215,12%	0,83%	3176,50%
960	3248,65%	17,53%	17,52%	80,27%	22,84%	74,62%	997,68%	67,48%	285,31%	474,89%	234,92%	0,84%	3248,65%

1920	3284,85%	18,06%	18,03%	125,23%	23,24%	75,86%	1014,43%	72,69%	299,15%	493,30%	245,25%	0,85%	3284,85%

Intervalo de Confiança — IC = 99%

Intervalo	ácido cianúrico	alcalinidade	brometo	carbonato	cloreto de amônia	cloro livre	cloro total	dureza	fluoreto	MPS	nitrato	nitrito	pH
30	2123,28%	6,32%	6,30%	47,58%	10,99%	38,87%	519,72%	23,88%	97,63%	163,51%	79,62%	0,84%	2123,28%
60	3382,68%	10,22%	10,24%	77,10%	19,36%	66,62%	890,75%	25,19%	118,16%	232,42%	101,63%	1,04%	3382,68%
120	4139,91%	16,97%	16,93%	98,14%	26,53%	88,29%	1180,62%	35,24%	208,89%	409,10%	182,38%	1,15%	4139,91%
240	4550,88%	21,91%	21,91%	110,40%	30,79%	101,25%	1353,80%	62,66%	317,33%	564,37%	268,80%	1,22%	4550,88%
480	4764,75%	24,77%	24,76%	117,02%	33,08%	108,30%	1448,19%	86,69%	388,41%	659,73%	322,68%	1,25%	4764,75%
960	4872,97%	26,30%	26,27%	120,40%	34,26%	111,92%	1496,52%	101,21%	427,97%	712,33%	352,38%	1,27%	4872,97%
1920	4927,28%	27,08%	27,05%	187,85%	34,86%	113,80%	1521,64%	109,03%	448,73%	739,94%	367,88%	1,28%	4927,28%

CAPÍTULO 8 | O PAPEL DOS ÍMÃS DE TERRAS RARAS NA INDÚSTRIA BRASILEIRA

Jorge Costa Silva Filho

RESUMO

O objetivo geral deste capítulo é apresentar a importância dos ímãs de terras raras, particularmente Neodimio-Ferro-Boro, como componentes indispensáveis em diversas tecnologias que viabilizam e impulsionam as energias renováveis. A questão central reside em "Como o Brasil pode aproveitar seu potencial para desenvolver uma cadeia produtiva nacional de ímãs de Terras Raras e reduzir a dependência de importações, especialmente considerando os avanços nos setores da linha branca e da indústria automobilística?". O que justifica esse capítulo é o Brasil se configurar como a segunda maior reserva de terras raras no mundo, mas somente o sexto em produção. Como trajetória metodológica, esse capítulo é conduzido por meio da abordagem qualitativa, quanto a finalidade descritiva e, centralizado na revisão bibliográfica por meio do uso de diferentes bases de dados, no período entre 2014 e 2024. Além disso, foi realizado uma análise de dados qualitativos por meio da utilização do software *IRAMUTEQ* e, foi descrito uma metodologia para fabricação desses ímãs. Os resultados evidenciam a necessidade de um fomento à pesquisa na área de ímãs de terras raras no Brasil, a fim de ampliar as possibilidades de desenvolvimento impulsionadas por tais pesquisas. A criação de uma ampla rede de pesquisa nesse campo se configura como um passo crucial para a autonomia tecnológica do país e sua participação estratégica no cenário global das energias renováveis.

Palavras-chave: ÍMÃS DE TERRAS RARAS., NEODIMIO-FERRO-BORO, ENERGIAS RENOVÁVEIS, CADEIA PRODUTIVA NACIONAL, PESQUISA E DESENVOLVIMENTO.

1. INTRODUÇÃO

A obtenção as terras raras (TR) no Brasil representam uma oportunidade estratégica significativa, dada a vasta extensão das reservas nacionais, que figuram entre as maiores do mundo (Takehar et. al., 2015). Essa riqueza mineral não explorada plenamente abre um horizonte de possibilidades para o país se estabelecer como uma referência no mercado global. No entanto, para converter esse potencial em benefícios tangíveis, são necessários investimentos substanciais em pesquisa, desenvolvimento e infraestrutura (Cgee, 2013).

A utilização responsável e sustentável das TR, aliada ao avanço contínuo em pesquisa e desenvolvimento tecnológico, posiciona o Brasil de forma promissora para o futuro (Alvarado, 2016). A produção nacional de TR pode catalisar o desenvolvimento industrial e tecnológico, gerar empregos e fortalecer a posição do país no cenário global, contribuindo para uma economia mais verde e sustentável (Da Silva et. al., 2017).

Neste contexto, a implementação de políticas públicas adequadas, incentivos à pesquisa e desenvolvimento, formação de mão de obra qualificada e investimentos em infraestrutura são essenciais para transformar o potencial das TR em um modelo de crescimento sustentável e inclusivo para o Brasil (Pamplona, 2020). Portanto, a para de alcançar estes objetivos, a cooperação entre governo, academia, indústria e sociedade civil são primordiais (De Castro et. al., 2017).

Além desse fator, a crescente demanda global por dispositivos eficientes e compactos, especialmente em setores como eletrônica e energia renovável, estabelece que os ímãs de Neodímio-Ferro-Boro (NdFeB) se estabeleceram como uma possibilidade para responder as demandas exigentes e, colaborar com avanços significativos na eficiência energética e na miniaturização de dispositivos (Yang et.al., 2017). Além disso, há lacunas na literatura sobre os mecanismos de degradação e estratégias de otimização desses materiais, como salienta Li et. al (2022).

Convém evidenciar que os ímãs de NdFeB são conhecidos por sua excepcional potência magnética, sendo amplamente utilizados desde sua descoberta na década de 1980 (Gutfleisch et. al., 2011). Suas propriedades, como alta magnetização de saturação e coercividade, superam de maneira significativa outros ímãs permanentes como os de ferrite e samário-cobalto (Campbell et. al., 1996).

De modo geral, os ímãs de NdFeB são compostos principalmente por elementos de TR, como neodímio (Nd), além de metais de transição como ferro (Fe) e boro (B) (Sugimoto, 2011). A adição de elementos como disprósio (Dy) pode aumentar sua coercividade, permitindo o uso em temperaturas elevadas (Dan et. al., 2014). Outros elementos de TR, como praseodímio (Pr), térbio (Tb), gadolínio (Gd) e európio (Eu), e outros metais como alumínio (Al), cobalto (Co), gálio (Ga), nióbio (Nb), silício (Si)
e zircônio (Zr), podem ser incorporados para melhorar suas propriedades térmicas, magnéticas, resistência à oxidação e corrosão (Li et.al., 2021).

Vale lembrar, a crescente competição pelo uso desses ímãs, especialmente em setores como automotivo, energia eólica,
bicicletas elétricas, ar-condicionado e muitos outros, destaca a importância estratégica dos mesmos (Yan et.al., 1999). No entanto, questões ambientais e econômicas associadas ao monopólio chinês na produção e refino de TR, que inclui aproximadamente 90% da produção mundial, representam desafios significativos, especialmente após a crise financeira global de 2011 (Zhou, 2013; Mancheri, 2017).

1.1 Objetivo Geral

Este capítulo visa delinear os conceitos fundamentais e destacar a importância tecnológica dos ímãs de Neodímio-Ferro-Boro (NdFeB).

1.2 Objetivo específico

a) Efetuar uma revisão da literatura quanto aos ímãs de NdFeB;
b) Analisar a conexão entre as palavras centrais e periféricas dos artigos por meio de análise de similitude;
c) apresentar uma possibilidade para fabricação dos ímãs de NdFeB.

1.3 Questão/Pergunta problematizadora

Como o Brasil pode aproveitar seu potencial para desenvolver uma cadeia produtiva nacional de ímãs de Terras Raras e reduzir a dependência de importações, especialmente considerando os avanços nos setores da linha branca e da indústria automobilística?

1.4. Justificativa

Em 2011, o Ministério de Minas e Energia reconheceu as Terras Raras (TR) como "minerais estratégicos" para o Brasil, inserindo-as dentro do Plano Nacional (Institutominere,2020). Essa decisão se fundamentou em dois pilares fundamentais: a confirmação do imenso potencial brasileiro de TR e a ampla gama de aplicações em tecnologias inovadoras e sustentáveis, como turbinas eólicas e veículos híbridos, além de setores estratégicos como comunicação e petróleo, que hoje dependem da disponibilidade global de TR (De Souza, 2014; Asseunção, 2013).

No que tange à comercialização de ímãs de terras raras (TRs), o Brasil ocupa um papel de importador, ainda não se inserindo com força nesse mercado (Assunção, 2013). Apesar disso, um forte potencial se descortina no horizonte, impulsionado por avanços em setores estratégicos como a linha branca (com produtos mais eficientes energeticamente) e a indústria automobilística (que exigem componentes cada vez mais

sofisticados (Assunção, 2013). Essa conjuntura abre portas para o desenvolvimento de uma cadeia produtiva nacional de ímãs de

TRs, alavancando a competitividade do país e reduzindo a dependência de importações.

2. METODOLOGIA

A metodologia utilizada neste capítulo foi de natureza qualitativa, com abordagem exploratória e experimental. O processo foi dividido em três etapas distintas: revisão da literatura existente, análise de similitude e condução de experimentos.

Neste contexto, foi conduzida uma pesquisa no portal Periódicos Capes em 06/06/2024, com foco nas palavras-chave "ímãs NdFeB" ou "NdFeB", resultando em 2.726 publicações, sendo 2.670 internacionais e 56 nacionais. Entre as publicações nacionais, adotou-se a técnica de análise de conteúdo temática de Bardin (2016) para identificar as temáticas. O software IRAMUTEQ, baseado em análise estatística textual, foi utilizado para processar os dados e extrair informações essenciais do texto, inclusive dados qualitativos (De Freitas, 2021). O IRAMUTEQ oferece diversas análises de dados textuais, com ênfase na análise de similitude. Essa análise, que abrange análises temáticas e monotemáticas, possibilita a realização da Classificação Hierárquica Descendente (CHD). Conforme Santos et al. (2012), a CHD, baseada na teoria de grafos, identifica coocorrências entre as palavras, revelando suas conexões e contribuindo para a compreensão da estrutura da representação (Moura, 2015). Para o desenvolvimento experimental, foram fabricados óxido de grafeno e pó magnético de NdFeB, conforme as descrições de Filho (2017) e Silva-Filho (2020), respectivamente. Além disso, os ímãs de NdFeB foram produzidos conforme as orientações de Silva-Filho (2022).

3. REFERENCIAL TEÓRICO,

Os imãs de NdFeB pertencem à classe dos imãs de terras raras, caracterizados por sua alta remanência e coercividade. O desenvolvimento desses materiais começou com a descoberta dos compostos intermetálicos contendo neodímio e ferro, cuja estrutura cristalina tetragonal de $Nd_2Fe_{14}B$ permite a formação

de fortes ligações magnéticas, sendo está a "chave" para as propriedades excepcionais dos imãs de NdFeB (Herbst et. al., 1991).

Inadequado seria, também, que a fabricação dos imãs de NdFeB envolve um processo complexo que inclui a fusão dos componentes, a solidificação rápida e a pulverização em pó fino, seguido pela sinterização a alta temperatura e tratamento térmico (Kim et al., 2019). A microestrutura resultante, composta por grãos de $Nd_2Fe_{14}B$ adjacentes por fases ricas em neodímio, são fundamentais para a performance do material. Em consonância com essa perspectiva, Lewis (2001), apresenta pesquisas que

comprovam a relação direta entre a distribuição e o tamanho dos grãos com a coercividade e a remanência, reforçando essa ideia.

De modo geral, além da composição e microestrutura, outro aspecto vital é a resistência à corrosão, um problema significativo para imãs de NdFeB devido à sua susceptibilidade à oxidação (Li et. al, 2003), ou seja, a estabilidade térmica dos imãs de NdFeB é igualmente importante, especialmente para aplicações em alta temperatura. É certo que diversos revestimentos e tratamentos de superfície, como niquelagem e cromo, têm sido explorados para melhorar a durabilidade dos imãs em ambientes agressivos (Fabiano, 2017).

Inclusive, a adição de elementos como disprósio e térbio pode aumentar a resistência à desmagnetização em temperaturas elevadas, ocasionando uma redução na magnetização de saturação (Gutfleisch et al., 2011). Pesquisas atuais focam em otimizar a composição e os processos de fabricação para equilibrar essas propriedades (Croat et al., 1984).

4.RESULTADOS E DISCUSSÕES

A Figuras 1 apresenta os resultados da análise de similitude com a identificação das coocorrências entre as palavras e indicações da conexidade entre os termos dos artigos nacionais referentes ao tema. Neste contexto, foram obtidas no total de 3.800 palavras nos artigos em português e, posteriormente, foram escolhidas 43 palavras utilizadas para análise NdFeB, Nd,

magnético, propriedade, permanente, artigo, lixiviação, coercividade, remanência, eficiência, custo, densidade, gerador, atuador, neodímio, rotor, turbina, motor, $Ne_2Fe_{14}B$, eólico, Ferro, volume, CO2, ferritas, sinterização, bobina, supercrítico, magnetização, energia, disprósio, CO, Dy, adsorção, alnico, composição, superfície, ferrita, óxido, potencia, intrínseco, reciclagem

Ao analisar a Figura 1, a palavra "NdFeB" destaca-se como a protagonista no contexto dos artigos estudados. Sua posição central e conexões robustas com termos como "magnético", "sinterização", "turbina" e "disprósio" fornecem pistas valiosas sobre sua importância. Em contraste, a palavra "reciclagem" aparece isolada, sugerindo a necessidade de pesquisas mais aprofundadas sobre os desafios e oportunidades da reciclagem de ímãs de NdFeB. Neste contexto, a forte correlação entre "NdFeB" e "magnético" reforça a natureza intrínseca dessa relação e, as palavras como "Nd", "eficiência", "Dy" e "supercrítico" também se agrupam em torno de "NdFeB", indicando uma complexa rede de interdependências que impulsionam o desenvolvimento e a aplicação dessa tecnologia.

Ao examinarmos a Figura 1 com mais detalhe, podemos identificar a formação de diversos grupos temáticos: Grupo 1, que abrange o núcleo central com "NdFeB", "magnético", "sinterização", "turbina" e "disprósio"; Grupo 2, focado nas propriedades e desempenho, incluindo termos como "Nd", "eficiência", "coercividade", "remanência", "volume", "densidade", "potência" e "intrínseco"; Grupo 3, relacionado à fabricação e processos, com palavras como "sinterização", "supercrítico", "magnetização", "composição" e "superfície"; Grupo 4, que aborda aplicações específicas como "turbina", "motor", "gerador" e "atuador"; Grupo 5, que trata dos desafios e sustentabilidade, incluindo "reciclagem", "CO2", "ferritas", "adsorção" e "alnico"; e finalmente, Grupo 6, que agrupa elementos químicos como "Nd", "Dy" e "CO".

Figura 1: Árvore de similitude do total de 52 palavras em 17 artigos em português

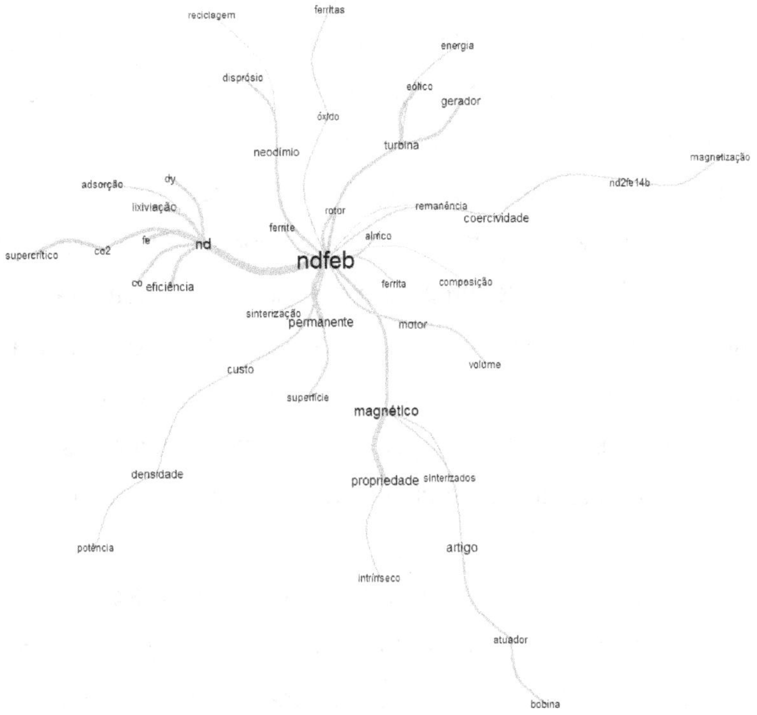

Fonte: Resultados originais da pesquisa

Segundo Coey et. al., (2011), os ímãs de NdFeB se destacam por sua alta densidade de energia magnética, pois essa característica os torna ideais para uma variedade de aplicações, incluindo motores elétricos, turbinas eólicas e dispositivos de áudio de alta qualidade. Inclusive, a alta densidade de energia permite a construção de motores mais compactos e eficientes, que são essenciais para a indústria automotiva e a produção de energia renovável. Além disso, a utilização em dispositivos de áudio garante uma reprodução sonora de alta fidelidade, essencial para equipamentos de som de alto desempenho.

Corroborando com tal proposição, Sagawa et. al., (1984), ressaltou a importância da composição química e dos processos de fabricação no desenvolvimento das propriedades magnéticas desejadas. Logo, a sinterização e outros métodos de processamento são importantes para alcançar a microestrutura ideal que maximiza o desempenho magnético. A capacidade de ajustar a composição e o processo de fabricação permite otimizar os ímãs para diferentes aplicações, aumentando sua versatilidade. Isso inclui a adição de elementos como disprósio (Dy) para melhorar a resistência térmica, essencial em aplicações
que envolvem altas temperaturas (Sagawa et. al., 1984).

Alguns teóricos, como Gutfleisch et al. (2011), discutem os desafios e as técnicas emergentes para a reciclagem de ímãs NdFeB. A reciclagem desses ímãs é uma questão crítica devido ao custo e à disponibilidade limitada de neodímio e outros elementos de terras raras. Técnicas como a separação e a recuperação química são exploradas para recuperar esses elementos valiosos de ímãs descartados, promovendo a sustentabilidade na cadeia de suprimentos. A reciclagem não só reduz a dependência de novas extrações de terras raras, mas também minimiza o impacto ambiental associado à mineração.

Concomitantemente Weber et al. (2012), discorreu os aspectos econômicos da produção de ímãs de NdFeB. O custo elevado de produção está associado à complexidade dos processos de extração e refinamento dos elementos de terras raras. Além disso, os desafios ambientais, como a gestão de resíduos tóxicos, aumentam os custos operacionais. A reciclagem emerge como uma solução potencial para mitigar esses custos e garantir um suprimento sustentável de materiais. Entretanto, implementar tecnologias de reciclagem eficazes requer investimentos significativos em pesquisa e infraestrutura, representando um desafio econômico adicional.

De forma sintética, na fabricação dos ímãs sinterizados de NdFeB, as Tabelas 1 e 2 fornecem informações detalhadas sobre as composições dos ímãs, suas massas iniciais e finais após o processo de hidrogenação, bem como os diâmetros médios antes e após a sinterização e acabamento superficial. A análise destes dados permite o entendimento das diferentes composições e processos de fabricação influenciam as propriedades finais dos ímãs.

A Tabela 1 apresenta as composições dos ímãs, suas massas iniciais e finais após o processo de hidrogenação, e o tempo de moagem. A composição dos ímãs influencia diretamente suas propriedades magnéticas e densidade. Por exemplo, o ímã1, tem uma massa final de 13,8 g após o processo HD. Este ímã apresenta um BH_{max} de 2,1 MGOe, o maior entre os analisados, indicando uma alta capacidade de armazenamento de energia magnética (Jiles et. al., 2015). Por outro lado, o ímã3, apresenta uma massa final de 13,7 g após o processo HD e um BH_{max} de 1,3 MGOe. A inclusão de elementos como disprósio (Dy) e alumínio (Al) pode introduzir maior porosidade e reduzir a densidade, afetando negativamente a eficiência magnética (Firdaus, et. al., 2016).

Na Tabela 2 fornece dados sobre os diâmetros verdes, sinterizados e finais dos ímãs, bem como suas porosidades e pressões aplicadas. A porosidade é um fator crucial que afeta a densidade e a eficiência magnética dos ímãs. Por exemplo, o pó-percursor do ímã1, com uma porosidade de 0,54 a 0,53 sob diferentes pressões, tem um diâmetro final de 9,4 µm após o acabamento superficial. Esta baixa porosidade contribui para a alta densidade e eficiência magnética observadas (Pigliaru et. al., 2021). Em contraste, o ímã3, com porosidades variando de 0,49 a 0,47, apresenta diâmetro final de 10,1 µm. A maior porosidade pode resultar em uma menor densidade, explicando seu BH_{max} relativamente menor. A estrutura mais porosa pode limitar a eficiência magnética, apesar de ser adequada para aplicações onde o peso reduzido é uma vantagem (Wang et. al., 2022)

Tabela 1: Composições dos ímãs e massa inicial (mi) e final (mf) após o processo HD e o tempo de moagem (Tm).

Ímã	Composição	mi(g)	mf(g)	Tm(min)
1	$Pr_{14,55}Fe_{65,62}B_{5,85}Co_{13,6}Cu_{0.3}Nb_{0,09}$	15	13,8	30
2	$Pr_{15,95}Fe_{66,55}B_{5,7}Co_{11,2}Cu_{0.6}$	15	13,8	20
3	$Nd_{13,65}Fe_{75,43}B_{5,69}Dy_{2,12}Cu_{0,41}Co_{2,31}Ga_{0,14}A_{l0,26}$	15	13,7	30
4	$Nd_{30.21}Pr_{0.64}Fe_{63.64}B_{0.94}Co_{2.93}Dy_{1.05}Cu_{0.15}Al_{0.15}Ga_{0.21}$	15	13,5	15

Fonte: Resultados originais da pesquisa

Tabela 2: Valores dos diâmetros verdes, diâmetro sinterizado e diâmetro médio final dos ímãs após passar pelo processo de acabamento superficial.

Ímã	Pressão (kPa)	Porosidade	Diâmetro médio (µm) (FSSS)	Diâmetro do ímã verde (µm)	Diâmetro do ímã sinterizado (µm)	Diâmetro médio Final do ímã (µm)
1	10	0,54	3,0	10,8	9,8	9,4
	15	0,53	2,9			
2	10	0,54	3,7	10,4	9,8	9,6
	15	0,53	3,6			
3	10	0,51	3,8	10,8	10,3	10,1
	15	0,49	3,9			
4	10	0,52	4,8	10,7	10,5	9,5
	15	0,50	4,7			

Fonte: Resultados originais da pesquisa

A partir da curva de desmagnetização do segundo quadrante dos ímãs de NdFeB apresentada na Figura 2, foi possível observar os diferentes comportamentos magnéticos dos ímãs identificados como ímã1, ímã2, ímã3 e ímã4. A curva de desmagnetização é importante para analisar características como remanência, coercividade e BH_{max} dos ímãs.

Primeiramente, a remanência, que é a magnetização residual do ímã quando o campo magnético externo é removido, pode ser comparada entre os diferentes ímãs. Observado o ímã1 (curva azul) e o ímã3 (curva preta) apresentam remanências mais altas, sugerindo que estes materiais retêm uma maior magnetização quando o campo externo é zero. Em contrapartida, o ímã2 (curva vermelha) apresenta a menor remanência, indicando uma menor capacidade de manter a magnetização.

Em termos de coercividade, na qual é a resistência do material à desmagnetização, podemos comparar os pontos onde as curvas interceptam o eixo H (campo magnético). A coercividade do ímã1 é significativamente maior do que a dos outros ímãs, refletindo uma maior resistência à desmagnetização. A coercividade é um parâmetro importante para aplicações as quais exigem estabilidade magnética sob campos externos elevados.

Por fim, o produto energético máximo (BH_{max}) é uma medida da densidade de energia máxima a qual o ímã pode fornecer, representado pela área máxima do retângulo que pode ser inscrito na curva de desmagnetização. Ímãs com altos valores de BH_{max} são desejáveis para aplicações com exigência de eficiência magnética. A análise visual das curvas sugere que o ímã1, com sua alta remanência e coercividade, provavelmente possui um BH_{max} superior aos demais, seguido pelo ímã3. Os ímãs 2 e 4 possuem valores de BH_{max} menores, indicando um menor desempenho energético

FIGURA 2: Curvas de desmagnetização dos ímã1, ímã2, ímã3 e ímã4

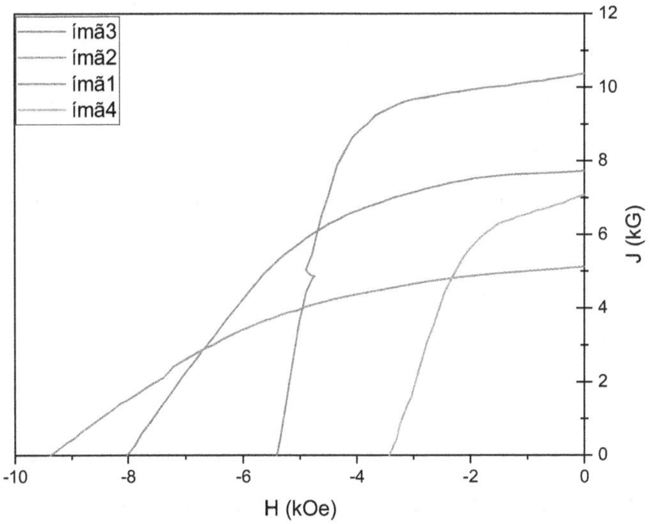

Fonte: Resultados originais da pesquisa

Por outro lado, o ímã4, com densidade de 6,19 g/cm³, possui uma composição balanceada de neodímio (Nd), ferro (Fe) e cobalto (Co), mantendo uma boa estrutura densa e eficaz para aplicações magnéticas (GUTFLEISCH et .al, 2011. A presença de disprósio (Dy) e cobre (Cu) contribui para uma densidade intermediária, proporcionando um equilíbrio entre eficiência magnética e peso reduzido (NARASIMHAN et. al., 2022). Portanto, enquanto ímãs com maior densidade, como o ímã1, são preferidos para aplicações exigentes devido à sua alta eficiência e baixa porosidade, ímãs com menor densidade, como o ímã3, podem ser mais leves e adequados para situações em que o peso é um fator crítico, apesar de sua eficiência magnética potencialmente inferior.

A comparação dos valores de BH_{max} dos ímãs 1, 2, 3 e 4 revelam diferenças significativas nas capacidades de armazenamento de energia magnética, que é um critério crucial para avaliar o desempenho dos ímãs permanentes em diversas aplicações.

O ímã1 possui o maior BH_{max}, com um valor de 2,1 MGOe, indicando uma capacidade superior de armazenar energia magnética. Este alto BH_{max} reflete uma combinação otimizada de elementos na liga, Tabela 1, o que é ideal para aplicações exigentes como motores elétricos e geradores, onde

um campo magnético forte e estável é essencial.

O ímã3, com um BH_{max} de 1,3 MGOe, possui uma capacidade de armazenamento de energia considerável, embora menor que a do ímã1. A presença de disprósio (Dy) e a menor densidade indicam uma estrutura mais porosa, o que pode limitar a eficiência magnética, mas ainda mantém um bom desempenho para várias aplicações magnéticas.

Os ímãs 4 e 3 apresentam BH_{max} menores, com valores de 0,7 MGOe e 0,6 MGOe, respectivamente. O ímã4, com densidade de 6,19 g/cm³, equilibrando uma estrutura relativamente densa com boa eficiência magnética. Já o ímã2, com densidade de 6,39 g/cm³ tem a menor capacidade de armazenamento de energia entre os quatro ímãs, refletindo uma maior quantidade de porosidade e uma menor concentração de cobalto (Co), o que reduz a eficiência magnética

5. CONSIDERAÇÕES FINAIS

Na análise de similitude, a palavra "NdFeB" destaca-se como central nos artigos estudados, indicando sua importância no contexto de pesquisa. A palavra "reciclagem" aparece isolada, sugerindo a necessidade de mais estudos sobre os desafios e oportunidades da reciclagem de ímãs de NdFeB. A

Forte correlação entre "NdFeB" e "magnético" reforça essa relação intrínseca, com termos como "Nd", "eficiência", "Dy" e "supercrítico" agrupados em torno de "NdFeB", indicando uma rede complexa de interdependências.

Os grupos temáticos identificados incluem: Grupo 1, com foco em "NdFeB", "magnético", "sinterização", "turbina" e "disprósio"; Grupo 2, centrado em propriedades como "eficiência", "coercividade" e "remanência"; Grupo 3, relacionado à fabricação e processos; Grupo 4, que aborda aplicações específicas; Grupo 5, que trata de desafios e sustentabilidade; e Grupo 6, que agrupa elementos químicos.

A análise das curvas de desmagnetização do segundo quadrante dos ímãs de NdFeB revela a complexa interação entre composição, processos de hidrogenação e sinterização, e as propriedades magnéticas finais dos ímãs. Os dados mostram que ímãs com menor porosidade e composições otimizadas, como o ímã1, apresentam maiores valores de BH_{max} e eficiência magnética, tornando-os ideais para aplicações exigentes que requerem altos campos magnéticos. Em contraste, ímãs com maior porosidade, como o ímã3, podem ser mais leves e adequados para aplicações onde a densidade não é crítica, apesar de possuírem eficiência magnética inferior.

Os resultados destacam a influência crítica da composição e da densidade nas propriedades magnéticas. O ímã1, com sua alta remanência, coercividade e BH_{max}, é o mais eficiente para aplicações que exigem altos campos magnéticos. Por outro lado, os ímãs 59 e 50, que apresentam menores BH_{max}, são mais adequados para aplicações onde a densidade e a eficiência magnética não são tão críticas. Essas variações refletem como a otimização dos processos de fabricação pode direcionar as propriedades magnéticas para atender a diferentes requisitos práticos.

6. REFERÊNCIAS

ALVARADO, Ligia Marcela Tarazona et al. Avaliação da sustentabilidade do sistema de recursos de terras raras no Brasil em longo prazo através do uso de um modelo dinâmico. 2016.

ASSEUNÇÃO, F. Usos e aplicações de Terras Raras no Brasil: 2012-2030. Brasília: Centro de Gestão e Estudos Estratégicos, 2013. ISBN 978-85-60755-64-6

ASSUNÇÃO, Fernando Cosme Rizzo (Ed.). Usos e aplicações de Terras Raras no Brasil: 2012-2030. CGEE, 2013.

BARDIN, L. Análise de conteúdo. Paulo: Edições 70, 2016. 279p.

CAMPBELL, Peter. Permanent magnet materials and their application. 1996.

CGEE. Centro de Gestão e Estudos Estratégicos. Temas Estratégicos para o Desenvolvimento do Brasil /Subação: Estudos de Usos e Aplicações de Terras Raras - Uso e aplicações de Terras Raras no Brasil: 2012-203. 2013. ISBN 978-85-60755-64-6

COEY, J. M. D. New permanent magnets; manganese compounds. Journal of Physics: Condensed Matter, v. 26, n. 6, p. 064211, 2014.

CROAT, John J. et al. Pr-Fe and Nd-Fe-based materials: A new class of high-performance permanent magnets. Journal of Applied Physics, v. 55, n. 6, p. 2078-2082, 1984.

DA SILVA, Jéssica Tozzo et al. A Importância no Brasil da Mineração Urbana de Terras Raras nos Resíduos Eletroeletrônicos: Cenário atual, Políticas, Extração e Perspectivas. Revista Mundi Engenharia, Tecnologia e Gestão (ISSN: 2525-4782), v. 2, n. 2, 2017.

DAN, Nguyen Huy et al. Enhancing coercivity of sintered Nd-Fe–B magnets by nanoparticle addition. IEEE transactions on magnetics, v. 50, n. 6, p. 1-4, 2014.

DE CASTRO, Fernando Ferreira; PEITER, Carlos Cesar; GÓES, Geraldo Sandoval. Minerais estratégicos e as relações entre brasil e china: Oportunidades de cooperação para o desenvolvimento da indústria mineral brasileira. Revista Tempo do Mundo, n. 24, p. 349-378, 2020.

De SOUZA, FILHO, P. C., SERRA, O. A). Terras raras no Brasil: histórico, produção e perspectivas. Quim. Nova, 37(4), 753-760, 2014. https://doi.org/10.5935/0100-4042.20140121

DE FREITAS, RSG. Silva Filho, JC. Democracia, Diversidade e Inclusão. Saúde da população negra durante a pandemia de covid-19: direito ou privilégio?, 2021, v.2, 242-260. ASIN B09LCPG9C2 - ISBN 9798761040243

FABIANO, F. et al. Development and characterization of Silane coated miniaturize NdFeB magnets in dentistry. Science of Advanced Materials, v. 9, n. 7, p. 1141-1145, 2017.

FILHO, JCS.; Soares, EP.; Venancio, EC.; Silva, SC.; Takiishi, T.; "Influência do tratamento térmico na redução do óxido de grafeno", p. 72-75 . In: . São Paulo: Blucher, 2017. ISSN 2358-2359, DOI 10.5151/phypro-viii-efa-18

FIRDAUS, Muhamad et al. Review of high-temperature recovery of rare earth (Nd/Dy) from magnet waste. Journal of Sustainable Metallurgy, v. 2, p. 276-295, 2016.

GUTFLEISCH, Oliver et al. Magnetic materials and devices for the 21st century: stronger, lighter, and more energy efficient. Advanced materials, v. 23, n. 7, p. 821-842, 2011.

HERBST, J. F. R 2 Fe 14 B materials: Intrinsic properties and technological aspects. Reviews of Modern Physics, v. 63, n. 4, p. 819, 1991

INSTITUTOMINERE, 2020. Disponível em: https://institutominere.com.br/blog/brasil-tem-segunda-maiorreserva-mundial-de-terras-raras-mas-nao-aparece-entre-os-maiores-produtores. Acessado em: 15 de janeiro de 2020.

JILES, David. Introduction to magnetism and magnetic materials. CRC press, 2015.

KIM, T.-H. et al. Microstructure and coercivity of grain boundary diffusion processed Dy-free and Dy-containing NdFeB sintered magnets. Acta Materialia, v. 172, p. 139-149, 2019

LEWIS, Laura H.; CREW, David C. The coercivity-Remanence tradeoff in nanocrystalline permanent magnets. MRS Online Proceedings Library, v. 703, p. 1-12, 2001.

LI, Lei et. al. Magnetomechanical degradation of sintered NdFeB induced by impact in eddy current recoil brake. Journal of Magnetism and Magnetic Materials, v. 564, p. 170114, 2022.

LI, Xiaoming et al. Thermal stability of high-temperature compound La2Fe14B and magnetic properties of Nd-La-Fe-B alloys. Journal of Alloys and Compounds, v. 859, p. 157780, 2021.

LI, Ying et al. The oxidation of NdFeB magnets. Oxidation of Metals, v. 59, p. 167-182, 2003

MANCHERI, Nabeel A. et al. Effect of Chinese policies on rare earth supply chain resilience. Resources, Conservation and Recycling, v. 142, p. 101-112, 2019.

MOURA, S.R.B. et al. Análise de similitudes dos fatores associados à queda de idosos. Revista Interd. V.8, n.1, p. 167-173. Mar., 2015. Disponível em: https://revistainterdisciplinar.uninovafapi.edu.br/index.php/revinter/article/view/587. Acesso em 4 de junho de 2021.

NARASIMHAN, Kalathur. Fundamental properties of permanent magnets. In: Modern Permanent Magnets. Woodhead Publishing, 2022. p. 31-64.

PAMPLONA, João Batista; PENHA, Ana Carolina. A política de inovação para o setor mineral no Brasil: uma análise comparativa com a Suécia centrada na interação dos agentes envolvidos. Cadernos EBAPE. BR, v. 17, p. 959-974, 2020.

PIGLIARU, L. et al. Poly-ether-ether-ketone–Neodymium-iron-boron bonded permanent magnets via fused filament fabrication. Synthetic Metals, v. 279, p. 116857, 2021

SAGAWA, Masato et al. New material for permanent magnets on a base of Nd and Fe. Journal of Applied Physics, v. 55, n. 6, p. 2083-2087, 1984.

SANTOS, V.; SALVADOR, P.; GOMES, A.; RODRIGUES, C.; TAVARES, F.; ALVES, K.; BEZERRILL, M. IRAMUTEQ nas pesquisas qualitativas brasileiras da área da saúde: scoping review, v. 2, 2017. Disponível em: https://proceedings.ciaiq.org/index.php/ciaiq2017/article/view/1230. Acesso em 3 de junho de 2021.

SILVA FILHO, JC. Síntese, caracterização e aplicação de óxido de grafeno reduzido como agente de moagem na preparação de pós TR-Fe-B. Dissertação de Mestrado, 2020. https://doi.org/10.11606/D.85.2020.tde-18082021-143557

SILVA FILHO, JC. Aplicação de derivados de grafeno em baterias e ímãs permanentes. Revista da Associação Brasileira de Pesquisadores/as Negros/as (ABPN), v. 14, n. 42, p. 124-142, 2022.

SUGIMOTO, S. Current status and recent topics of rare-earth permanent magnets. Journal of Physics D: Applied Physics, v. 44, n. 6, p. 064001, 2011.

TAKEHARA, Lucy. Avaliação do potencial de terras raras no Brasil. 2015.

WANG, H.; LAMICHHANE, T. N.; PARANTHAMAN, M. P. Review of additive manufacturing of permanent magnets for electrical machines: A prospective on wind turbine. Materials Today Physics, v. 24, p. 100675, 2022.

WEBER, Robert J.; REISMAN, David J. Rare earth elements: A review of production, processing, recycling, and associated environmental issues. US EPA Region, v. 8, p. 189-200, 2012

YAN, Gaolin et al. The effect of density on the corrosion of NdFeB magnets. Journal of alloys and compounds, v. 292, n. 1-2, p. 266-274, 1999.

YANG, Yongxiang et al. REE recovery from end-of-life NdFeB permanent magnet scrap: a critical review. Journal of Sustainable Metallurgy, v. 3, p. 122-149, 2017.

ZHOU, Baolu; LI, Zhongxue; CHEN, Congcong. Global potential of rare earth resources and rare earth demand from clean technologies. Minerals, v. 7, n. 11, p. 203, 2017.

CAPÍTULO 9 |CRESCIMENTO E CARACTERIZAÇÃO DE FILMES FINOS DE ÓXIDO DE ESTANHO POR SÍNTESE HIDROTERMAL

Gilson Pedro Lopes
Marcia Tsuyama Escote

RESUMO

Filmes finos de óxido de estanho são amplamente estudados por suas propriedades como Óxido Transparente Condutor (OTC) em várias aplicações tecnológicas. Este capítulo aborda a síntese hidrotermal e a caracterização de filmes de óxido de estanho (SnO_2) com foco em filmes transparentes condutores. Discute-se a aplicação de agentes mineralizantes e o efeito da dopagem dos filmes com antimônio (Sb) em 5%, 10% e 18%. Compararam-se as propriedades morfológicas, ópticas e eletrônicas de filmes de SnO2 puros e dopados: (1) sintetizados por processo hidrotermal assistido por micro-ondas e depositados por spin-coating; e (2) crescidos diretamente em vaso reacional. Nanoesferas e aglomerados de SnO2 e SnO2 foram sintetizados com ácido cítrico como agente mineralizador. Os filmes foram caracterizados por difração de raios X, espectroscopia Raman e microscopia eletrônica de varredura (MEV), com propriedades ópticas avaliadas por espectroscopia UV-vis. Medidas de UV-vis revelaram transmitância acima de 80% e redução de band gap com dopagem. As medidas elétricas mostraram alta resistência elétrica, sugerindo que os filmes não são contínuos.

Palavras chaves: ÓXIDOS SEMICONDUTORES TRANSPARENTES. OXIDO DE ESTANHO. ATO. SÍNTESE HIDROTERMAL ASSISTIDA POR MICRO-ONDAS. SPIN-COATING.

1. INTRODUÇÃO

O óxido de estanho (SnO_2) é um importante óxido semicondutor amplamente estudado em diversas aplicações, especialmente em dispositivos eletro-ópticos (Aslam, et. al., 2018; SUN, et. al., 2022). O interesse nesse material está relacionado à combinação de características comumente opostas em materiais cerâmicos: a possibilidade de apresentar resistividade menor que a maioria dos semicondutores e uma transmissão óptica de até 97% na região do visível (Toloman, et. al., 2020). Para isso, é importante observar que o SnO_2 precisar apresentar uma densidade de defeitos ou dopagem, que permita este apresentar alta condutividade elétrica. Além disso, os óxidos de estanho são conhecidos por sua sensibilidade química, tornando-os materiais promissores para aplicações em sensores (Lin, et. al., 2012; Rahman, et. al., 2016).

Os filmes finos de óxido de estanho são considerados um dos principais materiais dos chamados OCT, sendo utilizados em uma variedade de dispositivos, incluindo transistores de cristal líquido, eletrodos de células solares, fotocatalisadores e capacitores de alto desempenho (Sun, et. al., 2022). Devido a esse interesse, a comunidade científica tem buscado rotas mais simples e eficientes para a obtenção desses materiais, visando reduzir o tempo e a temperatura necessários para a síntese (Pazoukl, et. al., 2019).

Uma série de estudos descrevem a síntese e caracterização de filmes finos de óxido de estanho puro e dopado com íons metálicos, destacando sua possível aplicação em sensores devido à grande sensibilidade à presença de gases (Weiyuan, et. al., 2020; Le, et. al., 2023). Entre as principais rotas de síntese aplicadas, a hidrotermal convencional e a hidrotermal assistida por micro-ondas têm se mostrado eficazes na produção de nanoparticulas de óxido de estanho, permitindo a obtenção de sistemas monodispersos estáveis com alto controle de composição e morfologia (Guo et. al., 2019). A utilização das micro-ondas durante a síntese acelera as reações químicas, reduzindo os tempos de síntese e tornando o processo mais eficiente.

A possibilidade de adaptação das propriedades físicas do óxido de estanho, bem como a incorporação de novas funcionalidades, está diretamente relacionada ao estudo e compreensão de diversos fatores, como os precursores utilizados, o método de síntese escolhido e a temperatura atingida durante o processo (Aslam, et. al, 2018). O controle minucioso e conhecimento de todas as etapas das rotas irão influenciar diretamente a composição, o tamanho das partículas e dos grãos formados na síntese química, determinando as propriedades mecânicas, ópticas e elétricas das partículas resultantes (Leite et al., 2003; Dong et. al, 2014; Chen et. al., 2017; Pazouki et. al., 2019).

Nesse contexto, as metodologias de preparação desempenham um papel fundamental na obtenção de filmes SnO_2 puro e dopados, sendo extensivamente estudadas com o objetivo de se obter rotas simplificadas que demandem menos recursos e tempo (Reddy et. al, 2017; Sivakumar et. al., 2021). O controle de tamanho das partículas e a capacidade de estabilização são críticos na escolha do método de síntese mais adequado, e têm sido aprimorados ao longo dos anos (Jain et al., 2006; Pazouki, et. al., 2019).

Uma série de técnicas pode ser utilizada para obtenção das nanopartículas e preparação de filmes finos, como técnicas de deposição química a vapor (CVD), spray-pirólise, hidrotermal, deposição por feixe de íons, sol-gel, entre outras (Zhang et. al., 2004; Mohanta et. al., 2020). Dentre essas,
o método hidrotermal assistido por microondas se destaca por permitir a obtenção de sistemas monodispersos estáveis com alto controle de composição e morfologia, de forma rápida e simples em comparação com outros métodos que envolvem tratamentos térmicos. O uso de micro-ondas durante a síntese possibilita uma alta taxa de aquecimento elevada, acelerando as reações químicas e reduzindo os tempos de síntese (Kappe et al., 2008). O agente de mineralização escolhido e o

controle das concentrações e temperaturas durante a reação também influenciam diretamente a morfologia das partículas do óxido de estanho.

Com base em tudo o que foi apresentado, este trabalho propõe estudar a metodologia aplicada à síntese de óxido de estanho puro e dopado, utilizando a técnica assistida por micro-ondas. Ao combinar a relativa simplicidade do método hidrotermal com a dinâmica da técnica assistida por micro-ondas, espera-se obter filmes finos deste óxido com diferentes espessuras e controle de morfologia de maneira simples e rápida. A influência do agente de mineralização na morfologia e propriedades das nanopartículas também foi avaliada.

Para um melhor entendimento, nas próximas seções será apresentada uma revisão bibliográfica, com análise dos principais conceitos que envolvem o óxido de estanho, sua síntese, os processos de deposição utilizados na produção de filmes e técnicas de caracterização dos filmes.

1.1 Objetivo Geral

Este trabalho propõe estudar metodologias de síntese de óxido de estanho puro e dopado utilizando a metodologia hidrotermal assistida por micro-ondas, amplamente utilizada para produção de nanoestruturas de SnO_2. A partir dessas metodologias, pretende-se produzir filmes finos deste óxido, com diferentes espessuras e controle da morfologia. O objetivo geral é sintetizar e caracterizar os filmes finos de óxido de estanho (SnO_2) e óxido de estanho dopado com antimônio (SnO_2:Sb), por meio da obtenção de soluções precursoras estáveis, da construção dos filmes camada-a-camada por spin-coating, da caracterização das propriedades físicas e morfológicas dos filmes depositados e tratados termicamente, e da verificação das propriedades elétricas desses dispositivos.

1.2 Objetivo específico

a) Obter soluções precursoras estáveis contendo os reagentes necessários para a síntese de SnO_2 e SnO_2:Sb;
b) Construir os filmes depositando-os camada-a-camada por *spin-coating*;
c) Caracterizar as propriedades físicas e morfológicas dos filmes depositados e tratados termicamente;
d) Verificar as propriedades elétricas desses dispositivos.

1.3 Questão/Pergunta problematizadora

Como a combinação da técnica assistida por micro-ondas com o método hidrotermal pode influenciar a síntese de óxido de estanho puro e dopado, visando a obtenção de filmes finos com controle de espessura e morfologia?

1.3 Justificativa

A pesquisa sobre a síntese de óxido de estanho puro e dopado utilizando a técnica assistida por micro-ondas é relevante por várias razões. Primeiramente, o óxido de estanho é um material semicondutor amplamente estudado devido às

suas propriedades únicas, como a alta transmissão óptica na região do visível e a sensibilidade química, tornando-o promissor para aplicações em dispositivos eletro-ópticos e sensores.

Além disso, a combinação da técnica hidrotermal com a técnica assistida por micro-ondas permite a obtenção de filmes finos de óxido de estanho com diferentes espessuras e morfologias de forma simples e rápida. Isso é importante, pois facilita o processo de síntese e pode levar a avanços significativos na produção de dispositivos que utilizam esse material.

A pesquisa também se destaca pela sua relevância prática, uma vez que os filmes finos de óxido de estanho têm uma ampla gama de aplicações, incluindo transistores de cristal líquido, eletrodos de células solares, fotocatalisadores e capacitores de alto desempenho. Portanto, entender e aprimorar os métodos de síntese desses filmes é crucial para o desenvolvimento de novas tecnologias e a melhoria das existentes.

Por fim, a pesquisa contribui para o avanço do conhecimento científico, pois se baseia em trabalhos anteriores e estabelece conexões com outras pesquisas e descobertas

recentes. Isso amplia o entendimento sobre as propriedades e aplicações do óxido de estanho, além de fornecer insights para futuras investigações na área.

2. REAGENTES

Dicloreto de estanho hidratado ($SnCl_2•2H_2O$, Sigma-Aldrich, ≥ 98%), hidróxido de sódio (NaOH), hidróxido de amônia (NH_4OH), Ácido Cítrico ($C_6H_8O_7$), cloreto de antimônio (III) ($SbCl_3$) Aldrich), Poloxamer 188, ácido dodecilbenzeno sulfônico (SDBS), Brometo de cetrimônio (CTAB, ≥ 99%) e Triton X-100 foram obtidos da Sigma-Aldrich. Todos os produtos químicos foram utilizados sem mais purificação. Água mili-Q e álcool isopropílico foram utilizados em todos os experimentos.

2.1 Metodologia para a Produção de Nanopartículas de SnO_2

A primeira etapa deste trabalho envolveu a síntese de nanopartículas de SnO_2 por meio da rota hidrotermal. Com base em trabalhos na literatura, foram selecionados diferentes parâmetros de síntese, incluindo tempos de reação variando de 30 a 60 minutos, temperaturas entre 160 e 180 °C. Diferentes agentes mineralizadores (NaOH, NH_4OH e Ácido cítrico) também foram analisados. Um fluxograma das principais etapas das rotas escolhidas está disposto na figura 1.

Figura 1: Fluxograma das principais etapas do método hidrotermal para obtenção das nanopartículas de SnO_2.

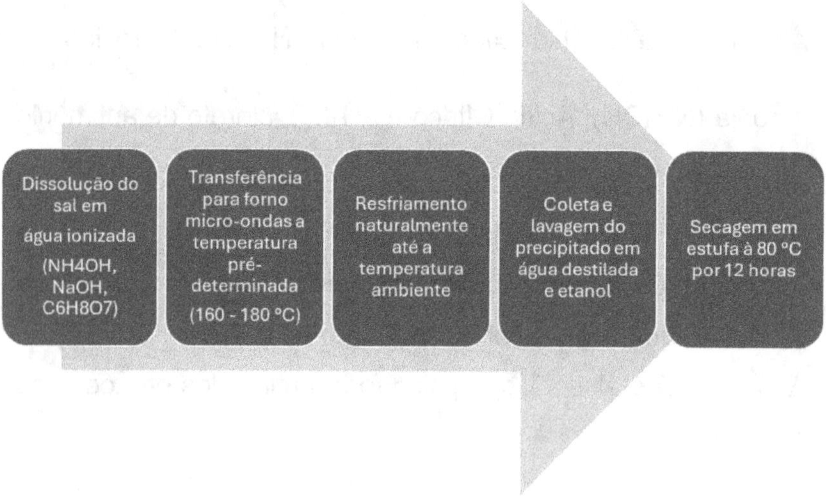

Fonte: Autores.

Para um melhor entendimento de cada roteiro empregado, os procedimentos de cada teste foram descritos em detalhes nas próximas seções.

2.1.1 Sintetizado a partir do Hidroxido de Sódio (NaOH)

Para a síntese das nanopartículas de SnO_2, foi utilizado o método proposto por Jain e colaboradores. Primeiramente, preparou-se uma solução de hidróxido de sódio (NaOH) com concentração de 1 M. Essa solução foi utilizada para ajustar o pH de 40 mL de SnO_2 com concentração molar de 0,1 M, preparada a partir de 0,2933 g de cloreto de estanho dihidratado ($SnCl_2{\bullet}2H_2O$) dissolvidos em 13 mL de água deionizada. Para ajustar o pH em 12,5, adicionaram-se 4,5 mL da solução de NaOH lentamente, resultando em um volume final de aproximadamente 20 mL.

A solução foi transferida para um vaso de Teflon com capacidade de 60 mL, permeável à radiação de micro-ondas. O vaso foi selado e colocado em um forno de micro-ondas Synthos 3000, onde a síntese foi realizada a 600 W, atingindo uma temperatura de 180 °C por 30 minutos. A pressão máxima registrada foi de 21,3 bar. Após o tratamento hidrotermal, a solução foi resfriada à temperatura ambiente. O material obtido

foi disperso em água milli-Q e isopropanol, e lavado em centrífuga (Eppendorf 5424) a 10000 rpm por 10 minutos. Nenhum traço de cloro foi detectado através do teste com nitrato de prata. As partículas secas foram então levadas para a etapa de caracterização.

2.2 Sintetizado a partir do Hidroxido de Amônia (NH4OH)

Para uma segunda amostra, utilizou-se o hidróxido de amônia (NH_4OH) como agente mineralizador, seguindo o método de Guo e colaboradores (GUO; CAO; HU, 2004). O cloreto de estanho dihidratado ($SnCl_2{\bullet}2H_2O$, Sigma-Aldrich, ≥ 98%) foi dissolvido em água, e a solução foi ajustada para um pH de 10,07 com NH_4OH. A solução foi aquecida a 80 °C por aproximadamente 15 minutos. A etapa de tratamento em forno de micro-ondas Synthos 3000 foi então repetida, nas mesmas condições da amostra anterior, por 30 minutos a 180 °C. O material foi lavado com água milli-Q e isopropanol em centrífuga a 10000 rpm por 10 minutos, várias vezes, para remover os íons contaminantes de NH^{4+} e Cl^-. Após a síntese, as amostras foram secas e levadas para a etapa de caracterização.

2.2.1 Síntese a partir do Ácido Cítrico

Um terceiro método foi testado, seguindo a rota proposta por Narsimulu e colaboradores (NARSIMULU et al., 2018). Neste método, utilizou-se o ácido cítrico como agente mineralizador em substituição ao NaOH. Primeiramente, 0,2933 g de cloreto de estanho dihidratado ($SnCl_2{\bullet}2H_2O$) e

0,2588 g de ácido cítrico foram dissolvidos em 13 mL de água deionizada. A mistura foi transferida para um vaso de Teflon de 100 mL, e a síntese foi realizada a 160 °C por 30 minutos. Após o tratamento hidrotermal, a solução foi resfriada naturalmente à temperatura ambiente. Os precipitados foram recolhidos por centrifugação a 5000 rpm, lavados mais diversas vezes com água milli-Q e isopropanol até que nenhum traço de íons cloro fosse detectado.

Com base nos resultados obtidos, este processo de síntese foi utilizado para a obtenção das nanopartículas de SnO_2 dopadas com antimônio.

2.3 Síntese de Nanopartículas de SnO_2:Sb

A rota escolhida para a obtenção das nanopartículas dopadas com antimônio (Sb) foi a partir do precursor de ácido cítrico, uma vez que apresentou melhores resultados visuais e de formato das partículas. Inicialmente, dissolveu-se dicloreto de estanho ($SnCl_2 \cdot 2H_2O$) em uma solução aquosa de ácido cítrico, utilizando um agitador magnético. Em seguida, adicionou-se trióxido de antimônio (Sb_2O_3, Strem Chemicals) à solução para ajustar a razão molar. Após uma hora de agitação, a solução adquiriu uma coloração amarelada e foi transferida para um tubo revestido de Teflon, colocado em um forno de micro-ondas. As reações hidrotérmicas foram realizadas por 30 minutos a 180 °C. Os precipitados foram lavados várias vezes com água deionizada e isopropanol. Foram preparadas amostras com proporções em massa de antimônio de 5%, 7,5%, 10% e 18%. As amostras foram dispersas em ultrassom por 30 minutos e moídas por uma hora com esferas de zircônia em proporção 1:1 em massa para homogeneização.

2.4 Preparação dos Filmes - *Spin-Coating*

Antes das etapas de deposição, os substratos foram limpos utilizando um procedimento baseado na limpeza RCA, que envolve três soluções: uma de ácido sulfúrico e peróxido de hidrogênio (4:1), uma de hidróxido de amônia, peróxido de hidrogênio e água (1:1:4), e uma de ácido clorídrico, peróxido de hidrogênio e água (1:1:5). Cada lavagem foi realizada com os substratos imersos por 10 minutos em solução aquecida a aproximadamente 80 °C, seguido de enxágue com água milli-Q. Os substratos foram mantidos em água até o uso e secos no spin coater antes da deposição.

Para os primeiros testes, as soluções contendo as nanopartículas foram moídas em um moinho de bolas rotativo por uma hora. Foram depositadas camadas da solução com 5% em mol de Sb em duas amostras, aplicando 2 e 4 camadas de deposição, respectivamente. As amostras foram tratadas a 500 °C para eliminação de orgânicos e homogeneização do filme. As amostras foram gotejadas nos substratos de vidro usando spin-coating, com 3 segundos de rotação inicial a 2000 rpm e 30 segundos a 7000 rpm. Após a deposição, os substratos foram aquecidos em placa a ~40 °C por alguns segundos para pré-secagem e fixação.

Outros testes foram realizados a 5000 rpm, reduzindo o tempo para 20 segundos. Foram depositadas 5 camadas, mas isso não melhorou a aderência do material ao substrato. Foi testada a adição de um surfactante (Triton X-100 – Dow Chemical) para melhorar a dispersão e aumentar a viscosidade

da solução dopada a 10% de Sb, aplicando ultrassom (Eco-Sonics – Ultronique) por 30 minutos a 40 °C. Foram realizados testes com diferentes surfactantes (SBDS, Triton, CTAB, Pluronic) antes e após algumas horas de repouso.

2.4.1 Crescimento direto em substrato no Vaso Reacional

A síntese em vaso reacional baseou-se no trabalho de Xu e colaboradores, utilizando ácido cítrico como agente mineralizador. Inicialmente, foi preparada uma solução de 24 mL em proporção 0,1 M, a partir de 0,5919 g de $SnCl_2 \cdot 2H_2O$ e 0,5165 g de ácido cítrico dissolvidos em água deionizada e agitada magneticamente por 10 minutos. A solução de crescimento foi transferida para um vaso reacional de Teflon, e uma amostra de vidro foi imersa como substrato para deposição. Os substratos foram limpos em ultrassom por 10 minutos, imersos em acetona e, posteriormente, em isopropanol. A solução e o substrato foram submetidos a um tratamento de 180 °C em forno de micro-ondas por 30 minutos. Após a síntese, a solução foi resfriada naturalmente à temperatura ambiente e lavada várias vezes com água deionizada. A amostra foi tratada termicamente a 350 °C por 2 horas e a 500 °C por 2 horas para eliminação de contaminantes e homogeneização.

De modo semelhante ao proposto na primeira etapa, a solução precursora para o filme de SnO_2:Sb foi preparada, a partir da dissolução de trióxido de antimônio (Sb2O3, Strem Chemicals) em uma solução aquosa de ácido cítrico ajustada em razão molar. Após, foi transferida para um tubo com revestimento de Teflon previamente preparado com o substrato, de modo a permitir submersão e tratadas em forno micro-ondas e as reações hidrotérmicas foram deixadas prosseguir durante 30 minutos à uma temperatura de 180 °C. Após o resfriamento à temperatura ambiente, as amostras foram lavadas várias vezes com água deionizada para remoção de íons cloro e secos em sacador térmico.

Por fim, as amostras foram tratadas termicamente à 500 °C por 4h para maior estabilidade e homogeneização.

Foram preparadas amostras com proporções em massa de Antimônio de 5%, 10% e 15%.

3. ESTUDOS ANTERIORES

Os óxidos de estanho têm se mostrado promissores em sistemas de detecção de gás, como o etanol, com temperatura
de trabalho menor que a de outros materiais. Filmes de SnO_2 dopados com Antimônio são amplamente conhecidos e têm sido estudados em dispositivos biomédicos, para o desenvolvimento de sensores não enzimáticos com sensibilidade para compostos como a creatina. Estudos recentes também demostraram a dopagem com elementos ferromagneticos como íons de Cobalto, Zinco e Manganês, aplicados nos estudos de Ahmad e Manikandan (MANIKANDAN; MURUGAN, 2016; AHMAD; KHAN, 2017). O desenvolvimento de comportamento ferromagnético em baixas concentrações de dopantes em filmes finos de SnO2 dopados revelou a combinação de funcionalidades dos componentes ferromagnéticos e materiais semicondutores.

Outros trabalhos também descrevem a síntese e caracterização de filmes finos de óxido de estanho puro e dopados com íons metálicos (REDDY et. al, 2017; SIVAKUMAR et. al., 2021). Os autores observaram também a possibilidade de aplicação destes materiais em sensores. Isto porque apresentam uma grande sensibilidade à presença de gases. Isto torna estes óxidos promissores em sistemas de

detecção de gás como, por exemplo, o etanol, com temperatura
de trabalho menor que de outros materiais (LIN; CHANG; QI, 2012; CHENG et al., 2016). Filmes de SnO2 dopados com Antimônio já são amplamente conhecidos e recentemente vem sendo estudados em dispositivos biomédicos, no desenvolvimento de sensores não enzimáticos com sensibilidade para compostos como a creatina (RAHMAN; AHMED; ASIRI, 2016).

Na forma de nanocristais, o SnO_2 também podem ser utilizados como opção mais economicamente viável de fotocatalizadores no processo de foto oxidação de poluentes orgânicos, como fenóis e ftalatos, no tratamento de águas residuais e outras fontes (ABDULLAH; RINNER; SILLANPÄÄA, 2017). A dopagem com óxido metálico permite o aumento da atividade catalítica satisfatória, inclusive com ativação na faixa visível do espectro eletromagnético. Além disso, o óxido de estanho também é utilizado como substrato em varistores (em substituição os varistores tradicionais de óxido de zinco), cadinho de fusão de vidros corrosivos e como opacificante em esmalte (indústria cerâmica de revestimentos e louças sanitárias) (MOREIRA et al., 2006).

4. RESULTADOS

Para verificar as fases cristalinas formadas, as amostras foram caracterizadas por difração de raios X. A Figura 2 apresenta os padrões de difração dos pós obtidos a partir das três primeiras sínteses com NaOH, NH_4OH e ácido cítrico. A análise desses padrões de raios X revela que as amostras preparadas com NaOH e NH_4OH apresentaram perfis semelhantes. Foram identificadas as fases SnO (PDF 85-712) e a fase cassiterita de SnO_2 (PDF 77-449). Observa-se que amostra (a) exibe picos característicos de SnO_2 com alta cristalinidade enquanto as amostras (b) e (c) mostram uma mistura de picos de SnO e SnO_2, indicando a presença de ambos os compostos. A amostra sintetizada a partir do acido citrico apresenta picos predominantes de SnO, com menos intensidade nos picos de SnO_2, sugerindo um maior domínio do SnO. Acredita-se que há mais picos que podem ser atribuídos a outras oxidações do íon Sn, como a fase Sn_3O_4 (PDF 20-1293).

Figura 2: Difratogramas de raios X das amostras de SnO_2 sintetizadas com: (a) NH_4OH, (b) NaOH e (c) ácido cítrico (radiação Mo-Kalpha).

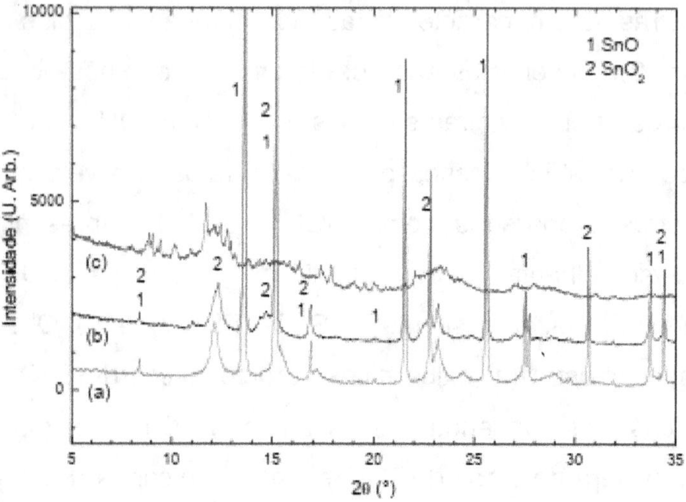

Fonte: Autores

O difratograma de raios X da amostra preparada com ácido cítrico apresentou um padrão bastante distinto das anteriores, evidenciando que o grau de cristalinidade e as fases formadas são diferentes das outras amostras. A análise desses dados revela a presença de picos da cassiterita SnO_2, com picos largos e pouco intensos, além de picos da fase de cloreto de estanho hidratado (PDF 1-521). Isso sugere que este procedimento levou à formação da fase SnO_2 desejada, mas

parte do precipitado inicial não reagiu completamente. Portanto, uma nova síntese foi realizada a 180 °C por 30 minutos, onde foi verificada a formação predominante da fase cassiterita (mostrado na próxima seção).

A Figura 3 apresenta os espectros Raman das três amostras sintetizadas com ácido cítrico, NaOH e NH_4OH à temperatura ambiente, em uma faixa até 900 cm^{-1}. Os picos observados mostram as características da fase rutílica do SnO_2, consistentes com as medições de XRD. Os modos vibracionais A1g e B2g estão relacionados ao alongamento simétrico das ligações Sn – O, e Eg está relacionado às ligações O – O. Os resultados obtidos estão de acordo com outros trabalhos publicados com SnO_2 (SIVAKUMAR, et. al., 2017; REDDY, et. al., 2017).

Observa-se que a amostra sintetizada com **ácido cítrico** apresentou um pico mais intenso e bem definido em torno de 200 cm^{-1}, característico de SnO_2. As amostras sintetizadas com NaOH e NH_4OH também apresentaram picos semelhantes, indicando a formação de fases similares, possivelmente SnO e SnO_2, como corroborado pelos padrões de difração de raios X. A amostra sintetizada a partir do NaOH foi a que apresentou maior intensidade do sinal, revelando dois picos abaixo de 200 cm-1, que podem estar relacionados à

presença do NaOH (KRISHNAMURTI, 1959). Grandes mudanças na posição dos picos podem ser associadas ao efeito de alterações e distorções locais da estrutura.

Figura 3: Espectrograma Raman das amostras para os diferentes agentes mineralizadores: (a) ácido cítrico (preto), (b) NaOH (vermelho) e (c) NH_4OH.

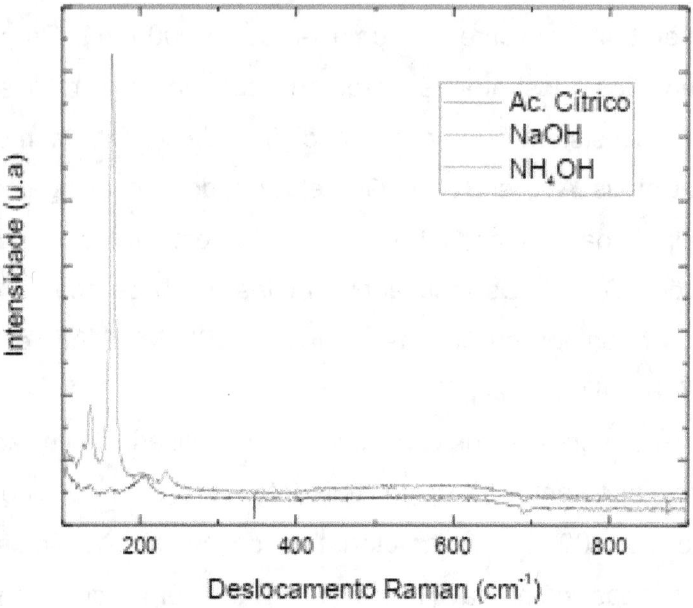

Fonte: Autores

A análise morfológica por microscopia eletronica de varredura (MEV) complementa os dados de XRD e Raman, oferecendo uma visão detalhada sobre a estrutura superficial e a distribuição de partículas nas amostras. Para verificar a formação das microestruturas das amostras sintetizadas, a Figura 4 apresenta as micrografias das amostras preparadas com NaOH, NH_4OH e ácido cítrico. Observa-se que a amostra sintetizada a partir do ácido cítrico apresentaram partículas dispersas com tamanho variado e superfícies rugosas. Agregados de partículas com superfícies mais uniformes foram observadas para amostras sintetizadas com NaOH enquanto a amostra com NH_4OH apresentou estruturas aglomeradas com morfologia esférica e menos agregação em comparação com as outras amostras.

As imagens foram realizadas após a secagem das amostras, e a focalização foi dificultada pelos resíduos dos solventes orgânicos. Mesmo assim, é possível observar que as amostras apresentam diferentes morfologias. As amostras preparadas com NH_4OH e NaOH mostram uma morfologia irregular, com os aglomerados tendendo a formar estruturas em formato de placas poligonais. Os aglomerados apresentaram tamanhos da ordem de 100 a 200 nm em ambas as amostras. Por outro lado, a amostra preparada com ácido cítrico apresentou partículas esféricas com tamanhos regulares, sem a formação de aglomerados como nas amostras anteriores.

Com base nesse conjunto de resultados, as amostras de SnO_2 puro e dopadas com antimônio foram preparadas utilizando o ácido cítrico como agente mineralizador, conforme descrito na próxima seção.

Figura 4: Imagens de microscopia eletrônica de Varredura das amostras de óxido de estanho sintetizadas com (a) NH_4OH, (b) NaOH e (c) ácido cítrico. No lado direito são apresentadas ampliações correspondentes a (a), (b) e (c).

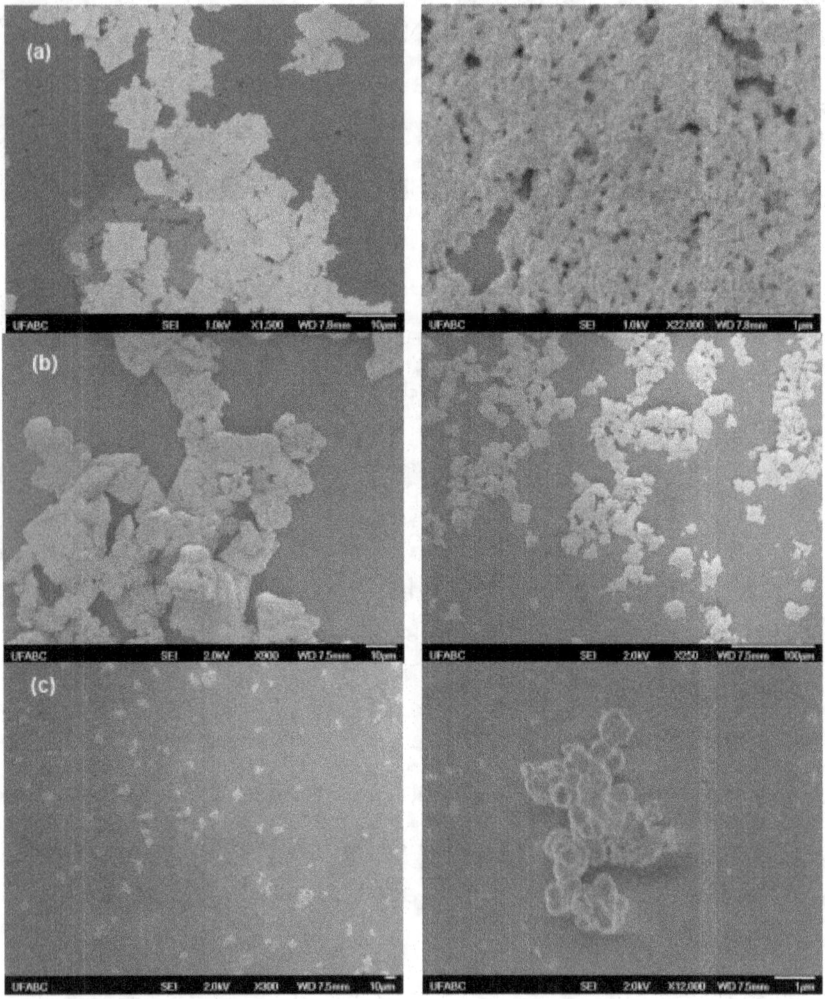

Fonte: Autores

4.2 Sintese das nanoparticulas de SnO_2:Sb

A Figura 5(ii) apresenta os difratogramas de raios X das amostras de SnO_2 dopadas com concentrações de 5% e 10% de Sb. Essas amostras foram preparadas pela rota hidrotermal
utilizando ácido cítrico, por 30 minutos a uma temperatura de 180°C. Verifica-se na figura que todos os picos foram identificados como pertencentes à fase cassiterita do SnO_2 (PDF 77-449), do tipo rutilo (KIM, et. al., 2004). Observa-se que os picos são largos e pouco intensos, o que se acredita estar relacionado ao pequeno tamanho de cristalito das amostras.

A transmissão óptica dos filmes obtidos para o filme de SnO_2 puro e com as diferentes dopagens com Sb de 5%, 10% e 15% foi apresentada na figura 5(i). Entre os comprimentos de onda aplicados de 200 a 800 nm, todos os filmes apresentaram transmitância média acima de 80%, formação de franjas de interferência no espectro e absorção característica na região do infravermelho, evidenciando a deposição (HARTNAJEL, et. al., 1995). As amostras com dopagens de 5% e 10% seguiram o comportamento esperado de redução da transmitância com o aumento do grau de dopagem, devido ao efeito de escurecimento e aumento das distorções na estrutura dos filmes (KOJIMA, et. al. 1993; CHEN, et. al., 2017).

Figura 5: i) Espectro de transmissão óptica dos filmes de SnO_2 puro e com dopagens de Sb de 5%, 10% e 18%. ii) Difratogramas de raios x das amostras de SnO_2:Sb (Radiação Cu-K). iii) Imagens de Microscopia Eletrônica de Varredura das amostras de (a) SnO_2; (b) SnO_2:Sb 10%.

i)

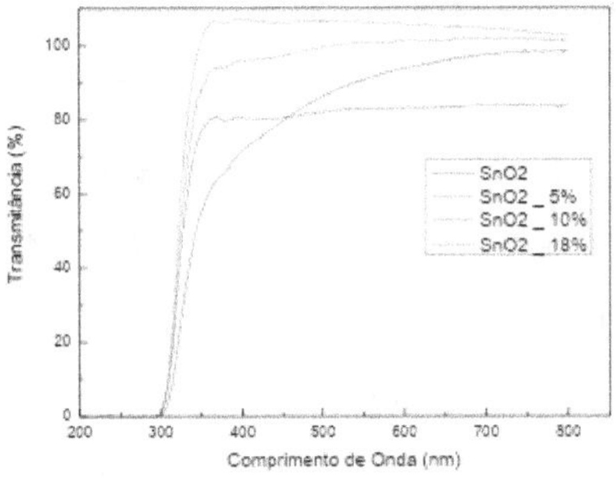

ii)

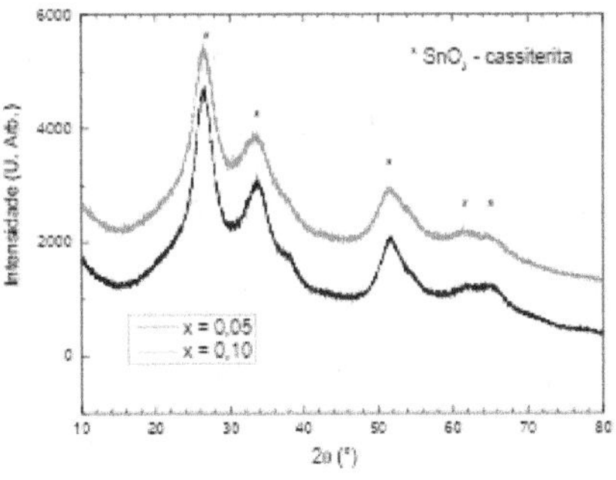

ii)

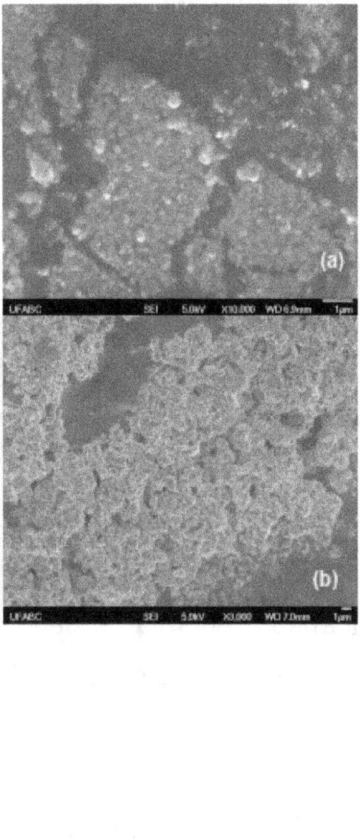

Fonte: Autor

Em geral, a transmitância média dos filmes finos depende da espessura do filme, tamanho do grão, rugosidade superficial e imperfeições do cristal (TSAY, et. al, 2013). A diminuição da transmitância em filmes de Sb:SnO_2 com o aumento da concentração de dopante pode ser atribuída ao aumento da rugosidade superficial e à redução do tamanho do grão, o que leva ao aumento do espalhamento de fótons. Além disso, as imperfeições cristalinas criadas pela dopagem com Sb na rede hospedeira do SnO_2, que também são responsáveis pela absorção de fótons (diminuição da transmitância) (KIM, et. al., 2004).

Apesar da absorção observada na região do infravermelho, o material é opticamente transparente, com um alto valor de "gap" inalterado. O sistema apresenta uma grande diferença entre os níveis de Fermi e a camada de condução, o que leva à não ocorrência de transição direta na região do visível, entre 1,8 e 3,1 eV (GIRALDI, et. al., 2007). Quando a energia do band gap de um semicondutor é maior que a energia do espectro do visível, a maior parte do feixe de luz atravessa o filme de SnO_2, apresentando apenas uma pequena absorção.

A presença de padrões de franjas de interferência no espectro pode ser associada à formação de filmes muito finos e pode ser utilizada para estimar as constantes ópticas dos filmes obtidos, através do método de Swanepoel ou método do envelope (Swanepoel, 1983). Os índices de refração calculados para os filmes apresentaram, em média, valores entre 1,52 e 1,58, próximos ao índice do substrato, sendo que o filme de SnO_2 não dopado apresentou a maior variação, como era esperado devido ao aspecto obtido de menor transparência do filme (figura 6).

As variações de $(\alpha hv)^2$ pela energia de fóton *hv* para os filmes sintetizados também foram apresentadas na figura 6. O band gap pode ser encontrado a partir do intercepto da curva linear extrapolando a região linear da curva, apresentando redução com o aumento do grau de dopagem, devido a maior concentração de portadores de cargas (Giraldi, et. al., 2007; MAO, et. al., 2013). Foram encontrados band gaps de 3,20 eV, 3,10 eV e 2,99 eV, respectivamente, de acordo com o aumento do grau de dopagem.

De acordo com Reeja-Jayan (20212) e colaboradores, os filmes finos crescidos pelo método de micro-ondas são formados por grãos nanocristalinos orientados em diversas direções cristalográficas, que se auto-sinterizam em agregados (Reeja-Jayan, et. al., 2012). O tamanho dos grãos depende das condições da deposição e dos tratamentos térmicos posteriores. Grãos maiores e a rugosidade do filme geralmente estão associados a temperaturas mais altas de processamento. Deposições em alta temperatura tendem a produzir filmes menos rugosos.

Figura 6: Variação de (αhv)2 em função da energia do fóton para as dopagens de 5%, 10% e 18%, respectivamente.

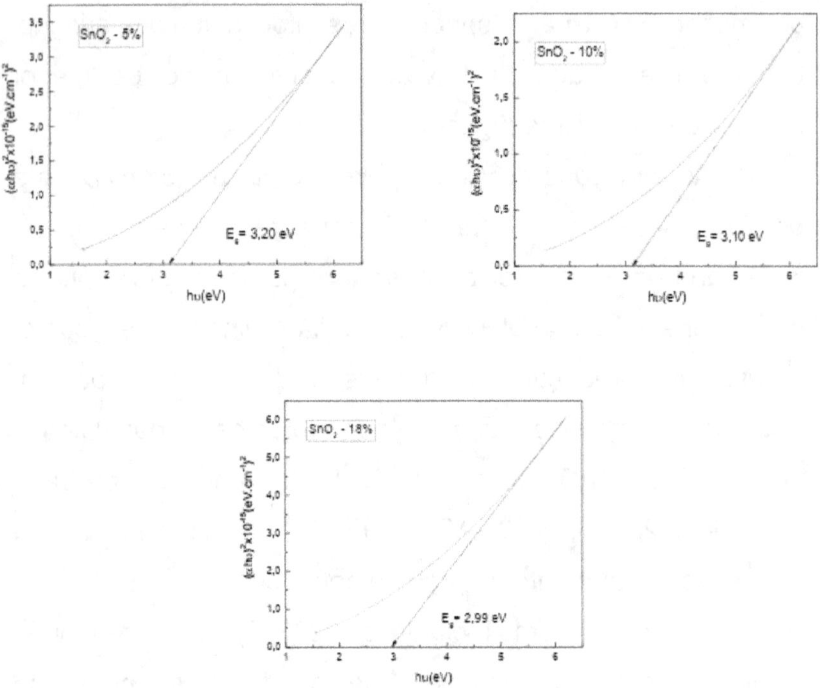

Fonte: Autor

Desta forma, o alto grau de transparência obtido relaciona-se a uma baixa densidade dos filmes crescidos em reação, como verificado nas imagens de microscopia, o que condiciona as informações sobre sua estrutura física e propriedades alcançadas.

Esta rugosidade, aglomeração e falta de continuidade do filme na superficie do substrato também influenciou nas propriedades de transporte destas amostras. Na figura 7, temos a avaliação da resistência em função da frequência para todas as amostras, na faixa de 10 a 100 kHz. Todas as amostras apresentaram alta resistência, da ordem de 10^6 ohms, com um máximo para frequências da ordem de 15 kHz. As amostras de SnO_2 puro e dopadas não exibiram grandes variações de resistência entre elas. Já a amostra de ITO teve a menor resistência devido à formação do filme, embora tenha sido

trincado durante a síntese (figura 5-iii). Como verificado nas seções anteriores, não houve deposição para a amostra imersa na solução dopada a 18%, fato ao qual podem ser atribuídos os valores mais altos de resistência.

Figura 7: Espectros da resistência em corrente alternada em função da frequência para todas as amostras sintetizadas.

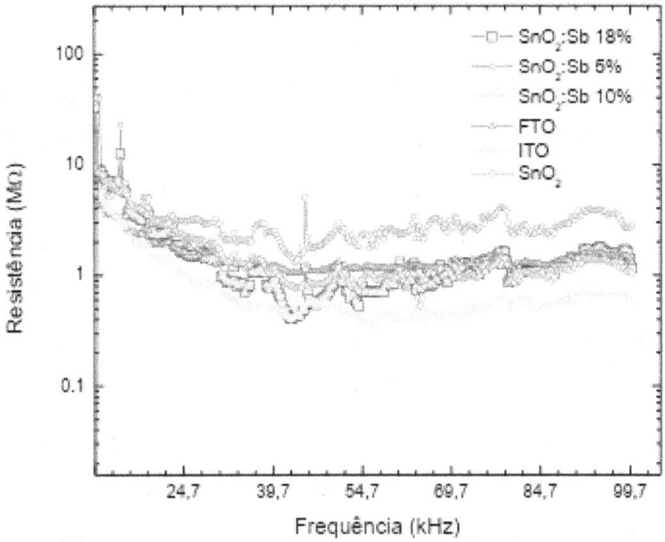

Fonte: Autor

Este resultado difere daquele esperado; acredita-se que o método de crescimento não permitiu a formação de filmes

contínuos, e esta descontinuidade resultou em altos valores de resistência elétrica apresentados por estes filmes (Figura 7). Acredita-se que este resultado está relacionado à formação de uma camada bem fina, na qual partículas deste óxido se depositaram, mas não coalesceram e, com isso, não foi possível a percolação da corrente elétrica na superfície destes filmes.

O resultado para as partículas de SnO_2 justifica-se pelas rápidas condições termodinâmicas impostas pelo processo de síntese assistida por micro-ondas, aliado à baixa absorção de micro-ondas do substrato de vidro (Erken, et. al., 2019). O caráter de crescimento preferencialmente heterogêneo do método faz com que a solução precursora seja rapidamente conduzida a uma rápida condição de supersaturação e uma grande quantidade de núcleos sejam formados (Wang et al., 2014). Dessa forma, uma grande quantidade de partículas sólidas é nucleada na solução e sobre a superfície, onde se tem uma menor energia livre superficial. Porém, a baixa afinidade e a baixa absorção de micro-ondas pelo substrato não permitem que o filme seja aderido à superfície de forma homogênea, sendo as partículas formadas em solução e apenas algumas sejam encontradas no substrato, sem
qualquer regularidade. A baixa temperatura do substrato durante a deposição cria a condição de interface abrupta.

5. CONCLUSÕES

Por intermédio da síntese hidrotermal assistida por micro-ondas, foi possível sintetizar nanopartículas de óxido de estanho puro e dopadas com antimônio com formato esférico em baixas condições de tempo e temperatura. Nanoesferas de SnO_2 e SnO_2:Sb foram sintetizadas utilizando ácido cítrico como agente mineralizador, apresentando formato regular e boa dispersão. Para a deposição em vaso reacional, apesar da condição parcial de partículas sobre a superfície, não foi possível obter filmes percolados sobre a superfície dos substratos. Foram encontrados band gaps de 3,20 eV, 3,10 eV e 2,99 eV, respectivamente, de acordo com o aumento do grau de dopagem. O uso de substrato de vidro, material que não apresenta absorção significativa de energia por radiação de microondas, levou à formação de partículas sem adesão à superfície.

6. REFERÊNCIAS

ABDULLAH, M. A.-H.; RINNER, U.; SILLANPÄÄA, M. Tin dioxide as a photocatalyst for water treatment: A review. Process Safety and Environmental Protection, p. 190–205, v. 107, 2017.

ASLAM, M.; QUAMAR, M.T.; ALI, S.; REHMAN, A.U.; SOOMRO, M.T.; AHMED, I.; ISMAIR, I.M.I.; HAMEED, A. Evaluation of SnO_2 for sunlight photocatalytic decontamination of water. J. Environ. Manag., v. 217, p. 805-814, 2018.

CHEN, C.Z.; ZHU, S.W.; ZHANG, W.Q.; LI, Y.; CAI, C.B. Microstructural properties and carrier transport mechanism in

Bi-doped nanocrystalline SnO_2 thin films. Results Phys., v. 7, p. 2588-2593, 2017.

ERKEN, O.; OZKENDIR, O. M.; GUNES, M.; HARPUTLU, E.; ULUTAS, C.; GUMUS, C. A study of the electronic and physical properties of SnO2 thin films as a function of substrate temperature. Ceramics International, 2019.

GIRALDI, T. R. Contribuição da química coloidal para novas estratégias de deposição de filmes finos de óxidos: Um estudo no sistema SnO2:Sb. 2007. Universidade Federal de São Carlos, 2007.

GUO, C.; CAO, M.; HU, C. A novel and low-temperature hydrothermal synthesis of SnO_2 nanorods. Inorganic Chemistry Communications, v. 7, p. 929–931, 2004.

HARTNAGEL, H.L., DAWAR, A.L.; JAIN, A.K.; JAGADISH, C. Semiconducting transparent thin films. Institute of Physics Publishing, Bristol, 1995.

JAIN, K.; SRIVASTAVA, A.; RASHIMID. Synthesis and Controlling the Morphology of SnO2 Nanocrystals via Hydrothermal Treatment. ECS Transactions, n. 21, v. 1, p. 1–7, 2006.

KAPPE, C. O.; DALLINGER, D.; MURPHREE, S. S.; WARREN, P. Practical Microwave Synthesis for Organic Chemists. [s.l.] WILEY-VCH, 2008.

KIM, H.; PIQUE, A. Transparent conducting Sb-doped SnO_2 thin films grown by pulsed-laser deposition. Appl. Phys., v. 84, p. 218-220, 2004.

LE, T. T. H., VU, T. T, NGO, D. Q., CAO, X. T., DOUNG, T., NGUYEN, D.H., TRAN, N. K., PHAM, V. T. Microstructure and photocatalytic activity of SnO_2:Bi^{3+} nanoparticles. Optical Materials, v. 137, p. 113552, 2023.

LEITE, E. R.; GIRALDI, T. R.; PONTES, F. M.; LONGO, E.; BELTRÁN, A.; ANDRÉS, J. Crystal growth in colloidal tin oxide nanocrystals induced by coalescence at room temperature. Applied Physics Letters, n. 8, v. 83, p. 1566–1568, 2003.

LIN, C. H.; CHANG, W. C.; QI, X. Growth and characterization of pure and doped SnO2 films for H2 gas detection. Procedia Engineering, n. Cvd, v. 36, p. 476–481, 2012.

MAO, W.; XIONG, B.; LIU, Y.; HE, C. Correlation between defects and conductivity of Sb-doped tin oxide thin films. Applied Physics Letters, v. 103, p. 031915, 2013.

MOHANTA, D.; AHMARUZZAMAN, M. Biogenic synthesis of SnO_2 quantum dots encapsulated carbon nanoflakes: an efficient integrated photocatalytic adsorbent for the removal of bisphenol a from aqueous solution. Journal of Alloys and Compounds, v. 828, p. 154093, 2020.

MOREIRA, M. L.; PIANARO, S. A.; ANDRADE, A. V. C.; ZARA, A. J. Crystal phase analysis of SnO2-based varistor

ceramic using the Rietveld method. Materials Characterization, n. 3, v. 57 p. 193–198, 2006.
NARSIMULU, D.; VINOTH, S.; SRINADHU, E. S.; SATYANARAYANA, N. Surfactant-free microwave hydrothermal synthesis of SnO_2 nanosheets as an anode material for lithium battery applications. Ceramics International journal, v. 44, p. 201–207, 2018.
PAZOUKI, S.; MEMARIAN, N. Effects of Hydrothermal temperature on the physical properties and anomalous band gap behavior of ultrafine SnO_2 nanoparticles. Optik, v. 246, p. 167843, 2021.
RAHMAN, M. M.; AHMED, J.; ASIRI, A. M. Development of Creatine sensor based on Antimony-doped Tin oxide (ATO) nanoparticles. Sensors & Actuators: B. Chemical, 2016.
REDDY, N.N.K.; AKKERA, H.S.; SEKHAR, M.C.; PARK, S.H. Park. Zr-doped SnO_2 thin films synthesized by spray pyrolysis technique for barrier layers in solar cells. Appl. Phys. A, v. 123, p. 761, 2017.
REEJA-JAYAN, B.; HARRISON, K. L.; YANG, K.; WANG, C. L.; YILMAZ, A. E.; MANTHIRAM, A. Microwave-assisted low-temperature growth of thin films in solution. Scientific Reports, 2012.
SIVAKUMAR, P.; AKKERA, H.S.; REDDY, T.R.K.; BITLA, Y.; GANESH, V.; KUMAR, P.M.; REDDY, G.S.; POLOJU, M. Effect of Ti doping on structural, optical and electrical

properties of SnO_2 transparent conducting thin films deposited by sol-gel spin coating. Opt. Mater., v. 113, p. 110845, 2021.

SUN, C.; YANG, J.; XU, M.; CUI, Y.; REN, W.; ZHANG, J.; ZHAO, H.; LIANG, B. Recent intensification strategies of SnO_2-
based photocatalysts: a review. Chem. Eng. J., v. 427, p. 131564, 2022.

SWANEPOEL, R. Determination of the thickness and optical constants of amorphous silicon. Journal of Physics E: Scientific Instruments Determination. v. 16, p. 1214-1218, 1983.

TOLOMAN, D.; POPA, A.; STEFAN, M.; SILIPAS, T.D.; SUCIU, R.C.; BARBU-TUDORAN, L.; PANA, O. Enhanced photocatalytic activity of Co-doped SnO_2 nanoparticles by controlling the oxygen vacancy states. Opt. Mater., v. 110, p. 110472, 2020.

TSAY, C.Y.; LEE, W.C. Effect of dopants on the structural, optical and electrical properties of sol-gel derived ZnO semiconductor thin films. Curr. Appl. Phys., v. 13, p. 60-65, 2013.

WAGER, J. F.; KESZLER, D. A.; PRESLEY, R. E. Transparent Electronics. [s.l.] Springer US, 2008.

WANG, J.; FAN, H.; YU, H. Synthesis of hierarchical flower-like SnO_2 nanostructures and their photocatalytic properties. Optik, v. 127, p. 580-584, 2016.

WEIYUAN, Y., JUNGANG, S., YUN, L., BAOLEI, W., ZHEN, L. Effects of SnO_2 nanoparticles on microstructure and intermetallic compounds of $Sn_{0.6}Cu$ solder. Rare Metal Materials and Engineering, v. 49, p. 4297-4302, 2020.

ZHANG, J.; GAO, L. Synthesis and characterization of nanocrystalline tin oxide by sol-gel method. Journal of Solid State Chemistry, n. 4–5, v. 177, p. 1425–1430, 2004.

CAPÍTULO 10 | ESTUDO DE VIABILIDADE DE MATERIAIS DE ENGENHARIA: CASO ZIRCONIA COMO BIOMATERIAL

Julio Carvalho e Paiva

RESUMO

O presente capítulo apresenta o dióxido de zircônio (ou simplesmente óxido de zircônio) como material amplamente utilizado no campo de engenharia e pesquisas aplicadas no que tange análises de suas propriedades de patentes existentes, estudos de mercado e condições acessórias a estas. Esse tipo de análise se estabelece por intermédio de estudos secundários, que são observações relativas ao estado da arte mercadologicamente estabelecidas. Tais observações tangibilizam desafios e oportunidades a partir de novos materiais de engenharia a base do objeto de estudo, compreendendo oportunidades tecnológicas, seus promotores e detratores. A metodologia mostra aspectos mandatórios para condução de qualquer tecnologia em curso de aplicação social, bem como subclasses pertinentes ao elemento exemplificatório abordado. Resultados são mostrados como levantamento exploratório a partir de estudo secundário. Os resultados obtidos se apresentam como mecanismos para visualização de oportunidades de exploração de outros tipos de pesquisas aplicadas.

Palavras chaves: ESTUDO SECUNDÁRIO, DESK RESEARCH, CERÂMICAS, ÓXIDO DE ZIRCONIO, ZRO_2

1. INTRODUÇÃO

O estudo de viabilidade de materiais é uma das etapas fundamentais na geração de novas tecnologias. Esse é um estudo multifatorial e que não se restringe somente para as propriedades físicas, químicas e biológicas dos mesmos, abrangendo análises relacionadas com estado da arte existente e comercialmente difundido, assim como condições regionais para sua habilitação como produto de impacto. As considerações a seguir trazem, visualizações sobre tais aspectos dentro da ótica da engenharia, considerando aplicações que tenham objetivos comerciais e com visão de impacto.

Condição Multifatorial para geração de novos materiais

Ao estudar materiais para engenharia, é essencial realizar uma análise multifatorial para garantir que o material escolhido atenda às exigências específicas da aplicação. A análise multifatorial envolve a consideração simultânea de diversas propriedades e características dos materiais, permitindo uma compreensão abrangente de seu desempenho
em diferentes condições. Essa abordagem é crucial porque as variáveis como propriedades mecânicas, térmicas, elétricas,

químicas, físicas, ópticas, magnéticas, econômicas, ambientais, de processamento e de conformidade com normas interagem de maneiras complexas e podem influenciar significativamente a adequação de um material para uma aplicação específica. Portanto, uma análise multifatorial permite identificar e equilibrar esses fatores, garantindo a seleção do material que oferece o melhor compromisso entre desempenho, durabilidade, custo e impacto ambiental. Algumas das propriedades comumente abordadas em estudos são apresentadas abaixo, seguidas de uma breve descrição (CALLISTER, 2018; SHACKELFORD, 2022):

1.1.2 Propriedades de materiais de engenharia

Para entendimento sobre quais são as possíveis condições a serem analisadas apresentam-se algumas propriedades diretamente relacionadas com condições físicas, químicas e biológicas, e outras que são desdobramentos para comercialização e impacto social.

1.1.3 Propriedades Mecânicas

I. *Resistência à tração:* Capacidade de resistir à força que alonga o material.

II. *Resistência à compressão:* Capacidade de resistir à força que comprime o material.

III. *Módulo de elasticidade (módulo de Young):* Medida da rigidez de um material.

IV. *Dureza:* Resistência à deformação permanente ou desgaste.

V. *Ductilidade:* Capacidade de deformar-se plasticamente antes de quebrar.

VI. *Tenacidade:* Capacidade de absorver energia antes de fraturar.

VII. Resiliência: Capacidade de armazenar energia elástica.

1.1.4 Propriedades Térmicas

I. *Condutividade térmica:* Capacidade de conduzir calor.

II. *Coeficiente de expansão térmica:* Variação dimensional com a temperatura.

III. *Capacidade calorífica:* Quantidade de calor necessária para alterar a temperatura do material.

1.1.5 Propriedades Elétricas

I. *Condutividade elétrica:* Capacidade de conduzir eletricidade.

II. *Resistividade:* Resistência ao fluxo de corrente elétrica.

III. *Permissividade:* Capacidade de armazenar energia elétrica em um campo elétrico.

1.1.6 Propriedades Químicas

I. *Resistência à corrosão:* Capacidade de resistir à degradação química.

II. *Reatividade química:* Tendência a reagir com outros materiais.

1.1.7 Propriedades Físicas

I. *Densidade:* Massa por unidade de volume.

II. *Porosidade:* Presença de poros no material.

III. *Transparência/Opacidade:* Capacidade de permitir ou bloquear a passagem de luz.

1.1.8 Propriedades Ópticas

I. *Índice de refração:* Mudança na direção da luz ao passar pelo material.

II. *Transmissão/Absorção de luz:* Capacidade de transmitir ou absorver luz.

1.1.9 Propriedades Magnéticas

I. *Permeabilidade magnética:* Capacidade de se magnetizar em resposta a um campo magnético.

II. *Susceptibilidade magnética:* Grau de magnetização em resposta a um campo magnético.

1.1.10 Fatores Econômicos e Ambientais

I. *Custo:* Preço do material e o custo de processamento.

II. *Disponibilidade:* Facilidade de obtenção do material.

III. *Sustentabilidade:* Impacto ambiental e reciclabilidade.

IV. *Energia incorporada:* Energia necessária para produzir o material.

1.1.11 Fatores de Processamento e Fabricabilidade

I. *Facilidade de fabricação:* Simplicidade de transformar o material em um produto final.

II. *Temperatura de processamento:* Temperatura necessária para moldar ou formar o material.

III. *Tratabilidade:* Facilidade de aplicar tratamentos térmicos ou químicos.

1.1.12 Normas e Especificações

a. Conformidade com normas: Adesão a padrões industriais e regulamentações específicas.

b. Certificações: Certificados que garantem a qualidade e a origem do material.

1.1.13 Avaliação do estado da arte com base na aplicação de interesse

A avaliação do estado da arte de uma solução ou proposta de solução para aplicação em um produto envolve diversas abordagens e fontes de informação. Estas devem ser feitas por meio de análises exploratórias e de modelagem em contextos fidedignos com a realidade e que tragam subsídio real para implementação dessas análises.

1.1.14 Revisão da Literatura Acadêmica

I. *Artigos Científicos*: Buscar artigos em revistas acadêmicas e conferências especializadas para encontrar estudos recentes e avanços na área.

II. *Bases de Dados Acadêmicas*: Utilizar plataformas como Google Scholar, PubMed, IEEE Xplore, Scopus e Web of Science para acessar artigos relevantes.

III. *Revisões Sistemáticas e Meta-análises*: Analisar estudos que sintetizam resultados de múltiplas pesquisas, fornecendo uma visão abrangente do estado atual do conhecimento.

1.1.15 Patentes e Inovações

I. *Bancos de Patentes*: Consultar bases de dados de patentes, como Google Patents, Espacenet, e o USPTO (United States Patent and Trademark Office), para identificar inovações protegidas por patentes.

II. *Análise de Patentes*: Avaliar patentes relacionadas para entender soluções existentes e possíveis lacunas que sua proposta pode preencher.

1.1.16 Relatórios e Publicações Industriais

I. *Relatórios de Mercado*: Ler relatórios de análise de mercado de empresas de pesquisa como Gartner e MarketsandMarkets.

II. *Publicações Técnicas*: Examinar white papers, relatórios técnicos e documentos de empresas e organizações de pesquisa que abordam tendências e inovações.

1.1.17 Conferências e Seminários

I. *Participação em Eventos*: Assistir a conferências, workshops, e seminários para aprender sobre pesquisas recentes e discutir com especialistas.

II. *Atas de Conferências*: Ler os proceedings das conferências para acessar pesquisas atuais e emergentes na área.

1.1.18 Colaboração com Instituições de Pesquisa

I. *Parcerias Acadêmicas*: Colaborar com universidades e institutos de pesquisa que possuem programas de pesquisa avançada em materiais.

II. *Centros de Pesquisa*: Ingressar em centros de pesquisa desenvolvimento (P&D) especializados.

1.1.19 Normas e Regulamentações

I. *Organizações de Normatização*: Consultar normas e regulamentações de entidades como ASTM

International, ISO, e ABNT para entender os padrões aplicáveis à sua solução.

II. *Análise de Conformidade*: Estudar como as normas influenciam o design e a aplicação de novos materiais.

1.1.20 Benchmarks e Estudos de Caso

I. *Estudos de Caso*: Analisar estudos de caso de aplicações semelhantes para compreender desafios e soluções práticas.

II. *Benchmarks*: Comparar sua solução com produtos ou tecnologias existentes para avaliar desempenho relativo.

1.1.21 Redes Profissionais e Comunidades Técnicas

I. *Networking*: Participar de redes profissionais e comunidades técnicas, como ASM International e MRS (Materials Research Society), para compartilhar conhecimentos e obter insights.

II. *Fóruns e Grupos de Discussão*: Engajar-se em fóruns online e grupos de discussão em plataformas como LinkedIn e ResearchGate.

1.1.22 Simulações e Modelagem Computacional

I. *Ferramentas de Simulação*: Utilizar software de simulação e modelagem para prever o comportamento de materiais sob diferentes condições.
II. *Modelagem Computacional*: Empregar técnicas de modelagem para analisar propriedades e desempenho de novos materiais.

1.1.23 Análise de Tendências Tecnológicas

I. *Scouting Tecnológico*: Monitorar tendências tecnológicas emergentes e novas descobertas em materiais através de serviços de scouting tecnológico.
II. *Publicações de Tendências*: Ler publicações que abordam tendências tecnológicas, como revistas especializadas e blogs de inovação.

1.1.24 Testes e Prototipagem

I. *Laboratórios de Teste*: Realizar testes laboratoriais para validar propriedades e desempenho dos materiais.
II. *Prototipagem Rápida*: Desenvolver protótipos para avaliar a aplicabilidade prática e funcionalidade dos materiais.
III. Utilizando essas abordagens, é possível obter uma visão abrangente do estado da arte e identificar oportunidades para inovação e desenvolvimento de novas soluções em engenharia de materiais.

1.1.25 Condições regulatórias

No segmento de engenharia de materiais, para instituir um produto comercialmente, especialmente em aplicações de mercado regulamentadas, é crucial atender às condições regulatórias específicas. Aqui estão algumas das principais condições regulatórias que podem ser necessárias:

1.1.26 Conformidade com Normas Técnicas

I. *Normas de Segurança e Qualidade*: Garantir que o material atenda às normas técnicas de segurança e qualidade relevantes, como normas da ASTM International, ISO, ABNT, entre outras aplicáveis ao seu mercado-alvo.

II. *Certificação de Produtos*: Em alguns casos, pode ser necessário obter certificações específicas que comprovem que o produto cumpre com padrões reconhecidos internacionalmente ou localmente.

1.1.27 Regulações Ambientais

I. *Impacto Ambiental*: Avaliar e mitigar os impactos ambientais do material ao longo de seu ciclo de vida, conforme exigências regulatórias ambientais vigentes.

II. *Conformidade com Leis de Descarte e Reciclagem*: Assegurar que o material seja produzido, utilizado e descartado de acordo com as regulamentações ambientais pertinentes.

1.1.28 Normas de Saúde e Segurança

I. *Segurança do Produto*: Certificar-se de que o material não represente riscos à saúde dos usuários finais, operadores ou ao meio ambiente durante o uso normal.

II. *Rotulagem e Informações ao Consumidor*: Fornecer informações claras e precisas sobre o produto, incluindo instruções de uso e advertências, conforme exigido pelas regulamentações de segurança.

1.1.29 Aprovações Regulatórias Específicas

I. *Autorizações Governamentais*: Dependendo da aplicação e do mercado, pode ser necessário obter aprovações específicas de agências regulatórias governamentais para comercializar o produto.

II. *Registros e Licenciamentos*: Registrar o produto e obter licenciamentos necessários para sua fabricação e comercialização.

1.1.30 Testes e Certificações

I. *Testes de Conformidade*: Realizar testes laboratoriais e análises que demonstrem a conformidade do material com os requisitos regulatórios estabelecidos.

II. *Certificados de Conformidade*: Emitir certificados ou declarações de conformidade que comprovem que o produto atende aos padrões regulatórios aplicáveis.

1.1.31 Monitoramento e Cumprimento Contínuos

I. *Monitoramento pós-comercialização*: Implementar processos para monitorar a conformidade contínua do produto com as regulamentações durante todo o ciclo de vida do produto.

II. *Atualizações Regulatórias*: Ficar atualizado com mudanças nas regulamentações e ajustar o produto e processos conforme necessário para manter a conformidade.

1.1.32 Proteção de Propriedade Intelectual

I. *Patentes e Direitos Autorais*: Proteger propriedade intelectual associada ao material através de patentes, registros de design ou outros meios apropriados para evitar a violação de direitos e garantir exclusividade no mercado.

1.1.33 Compliance com Requisitos de Mercado Global

I. *Internacionalização*: Considerar requisitos regulatórios de diferentes mercados internacionais se houver planos de expansão global, garantindo que o produto atenda às exigências locais onde será comercializado.

1.1.34 Consultoria Especializada

I. *Assessoria Jurídica e Técnica*: Em casos complexos, buscar orientação especializada de advogados e consultores técnicos para garantir que todos os aspectos regulatórios sejam adequadamente endereçados.

II. Seguir essas condições regulatórias é fundamental para estabelecer a confiança do mercado, minimizar riscos legais e operacionais, e garantir a aceitação e sucesso comercial do produto no segmento de engenharia de materiais.

1.1.35 Objetivo Geral

O presente capítulo tem como objetivo apresentar detalhes relacionados com as condições mínimas para instituir um material de engenharia, ou seja, aplicável para uma demanda da sociedade.

1.1 Objetivo específico

a) Visualizar de forma exemplificada o campo de estudo do óxido de zircônio como material de engenharia;
b) Observar de maneira macro as condições regulatórias;

c) Analisar o mercado vigente, considerando históricos econômicos;

1.3 Questão/Pergunta problematizadora

Essa análise se dá de forma a compreender a panorâmica relativa a grande quantidade de estudos desenvolvidos em instituições de ensino, com grande impacto social, mas que não recebem desdobramentos adequados para que se tornem materiais de engenharia. Por que as universidades brasileiras têm alta projeção em artigos científicos no segmento e tão baixa projeção no desenvolvimento de propriedades intelectuais e de protagonismo em soluções tecnológicas?

1.3 Justificativa

São muitas as pertinências relacionadas com a análise proposta, mas para direcionamento centrado, apresentam-se 2 grandes aspectos que permeiam a realidade de profissionais, acadêmicos ou não, que atuam com engenharia de materiais. São eles:

Apoio para profissionais de engenharia em formação: Em muitos momentos, quando profissionais de engenharia em formação adentram nos preâmbulos da pesquisa científica ficam inseguros sobre quais estratégias a serem abordadas. Com isso, esse estudo nasce como mais um subsídio para entendimento de possibilidades com base em um espaço amostral robusto de considerações do segmento.

Crítica sobre profissionais de engenharia acadêmicos e suas baixas produções de impacto: O segmento de engenharia de materiais que atua nas instituições de ensino superior, mesmo tendo em seus acessos laboratórios preparados para desenvolvimento de tecnologias aplicáveis comercialmente, ainda estabelecem como prioridade o desenvolvimento de soluções de impacto de exposição restrita para publicações acadêmicas. Enxergar um horizonte de possibilidades a frente desse permite que tais soluções sejam de fato aplicadas para segmentos da sociedade que podem de fato usufruir disso.

2. METODOLOGIA

O objeto de capítulo é considerar óxido de zircônio como material de engenharia aplicável em condições biomédicas. Este estudo restringe a análise para condições de aplicações pré-existentes, as propriedades que são subclasses das anteriormente citadas e focadas em aplicações. Essa produção contempla um estudo secundário e que tem como enfoque trazer aspectos de aplicações, análises de mercado e de propriedades intelectuais.

3. ESTUDOS ANTERIORES

Dentre das biocerâmicas em evidência o dióxido de zircônio (ZrO_2), foi um perfil de material que recebeu grande visibilidade nos últimos anos (KUMAR, GANAPATHY e VISALASKI, 2019). Tal destaque não ocorre somente por ela se apresentar como um material biocompatível, mas também, por exemplo, propriedades mecânicas únicas. Ainda, no que concernem as aplicações vigentes, encontram-se como revestimento ou película fina de outros implantes metálicos, como andaime ósseo poroso e material substituto e também como agente radio-opacificante em cimentos ósseos. Dessa maneira, compreende-se que a utilização da zircônia como biomaterial traz um cenário promissor do ponto de vista de inovação tecnológica. Atualmente os mecanismos que a apresentam como material de engenharia são com base na sua combinação com outros óxidos criteriosamente escolhidos. Tais combinações resultam na melhoria de propriedades mecânicas e resistência mecânica, tenacidade à fratura e biocompatibilidade e bioatividade. A Figura 1 apresenta algumas das principais aplicações de engenharia relacionadas com uso do dióxido de zircônio (AFZAL, 2014).

Figura 1: Usos biomédicos da cerâmica de zircônia em aplicações modernas de substituição e reparo ósseo. Isso inclui a aplicação de biocerâmica de zircônia como implantes ortopédicos, filmes finos e revestimentos em outros implantes metálicos, estruturas ósseas porosas e materiais substitutos e cimentos ósseos

.

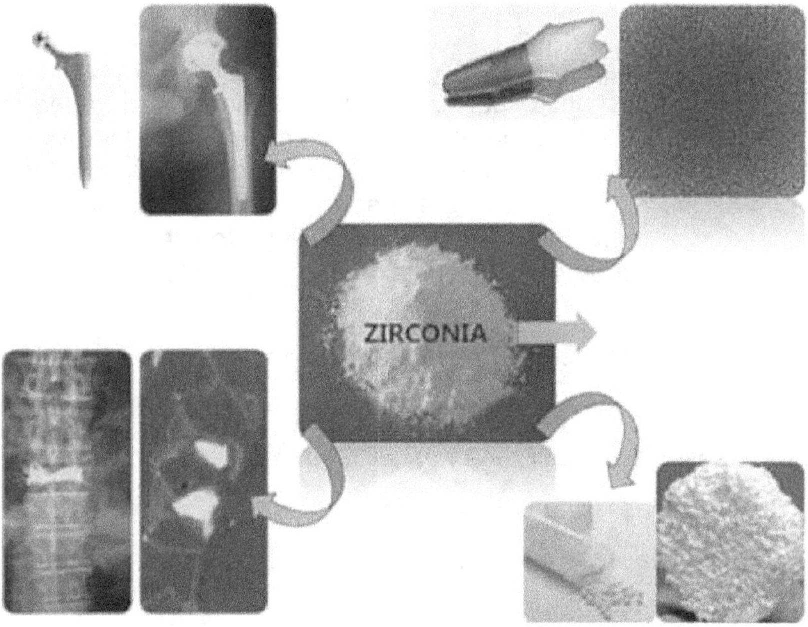

Fonte: (AFZAL, 2014) – adaptado.

Do ponto de vista comercialização em âmbito nacional, os biomateriais utilizados para práticas em humanos devem ser registrados via Agencia Nacional de Vigilância Sanitária, ou ANVISA (Regularização de Produtos - Materiais de uso em Saúde, 2001). Junto a ela os biomateriais são classificados como Materiais para Uso em Saúde. Junto ao órgão apresenta-se:

> "Material de uso em saúde é produto para saúde não ativo, isto é, seu funcionamento não depende de fonte de energia elétrica ou qualquer outra fonte de potência distinta da gerada pelo corpo humano ou gravidade e que funciona pela conversão desta energia (Regularização de Produtos - Materiais de uso em Saúde, 2001).

Em função da diversidade de materiais para saúde, foram estabelecidas classes de risco, relacionadas com o risco associado a utilização deles. São elas:

a. - Classe I – baixo risco;
b. - Classe II – médio risco;
c. - Classe III – alto risco;
d. - Classe IV – máximo risco.

A descrição de todas as regras de classificação pode ser obtida no item "Classificação" do Anexo II, da RDC nº 185/2001 ou no manual específico (Regularização de Produtos - Materiais de uso em Saúde, 2001).

Para tanto, de forma que os materiais para uso em saúde sejam convenientemente categorizados, devem ser considerados que:

a. - A finalidade indicada pelo fabricante que determina a regra e classe de risco do produto e não a classe de risco atribuída a outros produtos similares. É o uso indicado e não o uso acidental do produto que determina seu enquadramento sanitário.
b. - Caso um produto médico realize funções que possam ser enquadradas em classes de risco diferentes, então se deve adotar a classe de risco mais crítica.
c. - As partes e acessórios dos materiais, quando registradas ou cadastradas separadamente, enquadram-se de forma independente considerando as suas características e as suas finalidades de uso. Exceto no caso de serem partes e acessórios de equipamentos médicos ativos implantáveis.

d. - Se o produto não tiver indicação para ser utilizado em uma parte específica do corpo, deve ser considerado e enquadrado com base no uso mais crítico.

e. - O enquadramento do produto terá que ser determinado com base nas indicações contidas nas instruções de uso fornecidos com o produto.

f. - Para que um produto seja indicado, especificamente, para a finalidade referenciada em uma regra particular de classificação, o fabricante deve informar claramente nas instruções de uso que o produto é (Regularização de Produtos - Materiais de uso em Saúde, 2001).

Em função dos critérios riscos e perigos associados ao uso dos biomateriais, a ANVISA atua de maneira criteriosa estabelecendo um fluxo de operações que resulta na viabilização comercial de materiais para saúde que estejam em concordância com as normativas vigentes (Regularização de Produtos - Materiais de uso em Saúde, 2001). Estas estão apresentadas na Figura 2.

Especificamente para o segmento de biomateriais, de forma que qualquer material proposto se enquadre dentro dos parâmetros estabelecidos pelos órgãos regulatórios, nasce a necessidade de enquadramento de propriedades relativas ao perfil de aplicação. O levantamento dessas informações é fundamental para seu bom enquadramento junto as classes de risco que são categorizadas. Algumas das mais relevantes são:

Figura 2: Fluxograma que apresenta os procedimentos gerais para a formalização de materiais para saúde, de acordo com a ANVISA.

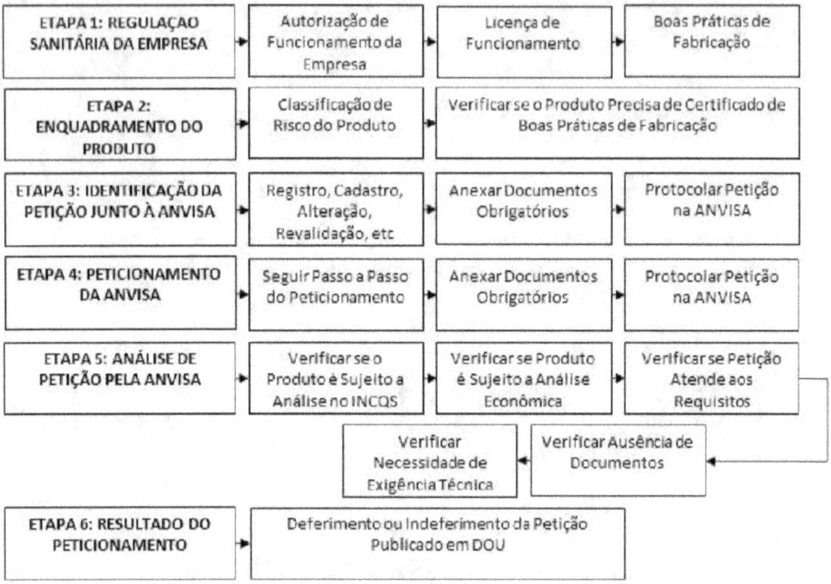

Fonte: (Regularização de Produtos - Materiais de uso em Saúde, 2001) – Adaptado.

a. Toxicidade: A não ser que seja um dos objetivos do projeto, biomateriais de uma maneira geral não devem ser tóxicos. Os critérios para aquisição de materiais não tóxicos são sofisticados, requerendo materiais de alta performance e que, além da não toxicidade, cumpra também outros requisitos intrínsecos ao projeto/produto. Porém, dentro dos grupos de critérios avaliados em um projeto, aqueles que analisam os níveis de toxicidade são colocados como de maior importância, já que a existência de toxicidade pode resultar diretamente na inviabilidade de sua aplicação. Ainda, em virtude das mais diversas formas de interação dos materiais com os organismos vivos, os mecanismos de análises de toxicidade precisam ser adaptativos, respeitando o nível, o tempo e a forma que essa interação se estabelece (JEEVANANDAM, BARHOUM, et al., 2018).

b. Biocompatibilidade: Este nasce como um critério de engenharia exclusivo dos biomateriais. Contudo, não existem definições precisas e totalitárias ou métodos únicos para mensurar tal aspecto. Dentro dessa área de estudo, procura-se compreender a biocompatibilidade com base na incompatibilidade do material, ou sistema, quando em interface com o tecido biológico. Em outras palavras, tal definição é realizada em termos do desempenho ou sucesso do material em função da tarefa ou atribuição no qual foi projetado. Qualquer insucesso nesse processo torna-o como não biocompatível, já que sua interface com o material biológico gera uma resposta não desejada no meio. Ainda, em determinado projeto, é provável que a biocompatibilidade necessite ser especificamente definida para aplicações em regiões de considerável especificidade como, por exemplo, tecidos moles, duros ou sistemas vasculares (GHASEMI-MOBARAKEH, KOLAHREEZ, et al., 2019).

c. Contribuição para a cura: A condição para a cura, ou melhoria da condição patológica do paciente, são aspectos fundamentais para escolha de determinado biomaterial. Assim, considerando que diferentes condições patológicas resultam em diferentes particularidades fisiológicas e anatômicas, a contribuição para a cura deve convergir com a resposta de interesse que é relacionada a determinada região acometida. Nesse contexto, a resposta de interesse é aquela que leve a cicatrização concomitantemente ao fato de que o biomaterial cumpra as demais funções a ele requeridas (CHOU, GUNASEELAH, et al., 2017).
d. Aspectos anatômicos e de design: A maior parte dos critérios de engenharia para desenvolvimento e aplicação de biomateriais estão fortemente relacionados com os locais anatômicos onde esses materiais serão implantados (PATEL e GOHIL, 2012). Em função da grande variedade de tecidos existentes no corpo humano, nasce a necessidade de compreender como eles se estabelecem para que sejam bem definidos os critérios de engenharia.

Ilustradamente compreende-se que cápsulas do cristalino humano têm particularidades muito distintas dos espaços articulares, resultando em critérios de engenharia muito distintos durante o desenvolvimento de pesquisas (ABBOTT e KAPLAN, 2016).

e. Requisitos mecânicos e de desempenho: Cada biomaterial e dispositivo requer requisitos mecânicos e de desempenho que se originam das propriedades físicas do material. Esses requisitos podem ser divididos em três categorias: desempenho mecânico, durabilidade mecânica e propriedades físicas. Primeiro, considere o desempenho mecânico. Por exemplo, uma prótese de quadril deve ser dúctil e rígida. Com base nisso deve-se estabelecer a durabilidade mecânica. Por exemplo, um cateter só pode ser utilizado por 3 dias. Uma placa óssea pode cumprir sua função em 6 meses ou mais. Um folheto em uma válvula cardíaca deve flexionar 60 vezes por minuto, sem falhas de desempenho durante a vida do paciente (espera-se, por 10 ou mais anos). Finalmente, as propriedades físicas em massa irão abordar aspectos relacionados com o desempenho do equipamento ou aparato. Para atender a esses requisitos, esse segmento se utiliza de princípios de design muito característicos de segmentos como os de engenharia mecânica, engenharia química e ciência de materiais (RATNER, 2013; PICONI, MACCAURO, et al., 2003; PATEL e GOHIL, 2012).

f. Envolvimento industrial: Atualmente, encontram-se diversos grupos de pesquisas atuando em áreas básicas em prol de compreender como biomateriais funcionam (GRAINGER, J., 2017). Isso ocorre em função de limitações existentes nos biomateriais atualmente comercializados. Dessa forma esses grupos procuram estabelecer parâmetros para que os desempenhos dos biomateriais sejam maximizados. Ao mesmo tempo que isso ocorre também é possível verificar a indústria produzindo milhões de implantes para uso humano e monetizando bilhões de dólares com esses processos. Com base nessa panorâmica, embora esses grupos de pesquisa ainda estejam trabalhando no processo de familiarização de propriedades, desenvolvimento de critérios de engenharia, e colocando em prática algumas propostas experimentais, a indústria está produzindo biomateriais

massivamente e movendo um dos maiores setores econômicos existentes no planeta, o médico-hospitalar

(LIORANCAITE, 2019). Tendo em vista esse cenário como tal dicotomia é explicada? Certamente, os biomateriais comercializados podem ser utilizados com boas margens de segurança, em função também do amplo grau de aceitabilidade que os experimentos in vivo apresentaram. Isso ocorre em função das grandes margens de segurança relacionadas a escolha das matérias primas, dos processos de fabricação, de reserva, comercialização e de uso. Contudo, mesmo com os altos graus de cuidados relacionados ao segmento, muitos tipos de dispositivos induzem a complicações fisiológicas enquanto em regime de uso. Estas complicações por sua vez são de uma forma geral de menor impacto do que as condições patológicas que esses biomateriais estão destinados a corrigir/curar. Tendo em vista essa panorâmica os segmentos de pesquisa básica de biomateriais precisam atuar de maneira massiva e constante de forma que seja possível minimizar esses efeitos secundários
indesejados. Em outras palavras deve haver o equilíbrio entre o desejo de aliviar a perda de vidas/sofrimento e o imperativo corporativo de gerar lucro (RATNER, 2013).

g. Aspetos éticos: As considerações éticas relacionadas com a ciência dos biomateriais são complexas e contêm diversas questões fundamentais. Os debates que permeiam pontos como uso de animais em experimentações e seus conceitos de minimização de dor e desconforto, ou até onde esses animais serão alocados após a finalização dos processos de ensaios in vivo (ANDERSEN e WINTER, 2017). Muitas dessas questões éticas estão relacionadas com o respeito a vida animal e estabelecer um sistema harmônico entre a condição de minimização de seu sofrimento e os apropriados avanços em pesquisas de biomateriais. Porém, esse tipo de discussão não tem viés pragmático, exato e totalitário, abrangendo inclusive discussões bastante subjetivas. Atualmente os mecanismos de avaliação desses aspectos estão presentes nas principais instituições regulatórias nacionais e
internacionais, permitindo um norte dentro da pesquisa e desenvolvimento no segmento de biomateriais (RATNER, 2013; DE VRIES, OERLEMANS, et al., 2008).
h. Regulação: De maneira que seja restringida a produção e comercialização de dispositivos e materiais testados inadequadamente os órgãos regulatórios

definem um grupo de normas que estabelecem as aptidões mínimas requeridas para dada aplicação proposta. O sistema regulatório brasileiro erguido para estabelecer tais condicionais é a Agência Nacional de Vigilância Sanitária (Regularização de Produtos - Materiais de uso em Saúde, 2001). Contudo, há normas regulatórias internacionais que são responsáveis por desenvolver os regimentos a nível mundial. Estas são estabelecidas pela Organização de Padronização Internacional, ou ISO (do inglês International Standards Organization) (International Standards Organization, 2016).

As normas são complexas e adaptativas, sendo particularizadas para cada grupo de equipamentos ou materiais
a serem comercializados. Em outras palavras, elas atuam de maneira a colocar em conformidade as necessidades governamentais, industriais, éticas e de ciência básica.

Mercado de biomateriais se apresenta como um segmento de engenharia de crescente estudo e demandas de consumo que justifica pesquisa, desenvolvimento, inovações e negócios nesse campo de crescimento tão proeminente no mundo. Com o intuito de mostrar a relevância da área foco do projeto em questão, foi então realizada esta breve, porém importante, contextualização. No mercado em questão projeta-se atingir 207 bilhões de dólares em 2024 em comparação a 105 bilhões de dólares em 2019 (Biomaterials Market, 2020). Alguns dos principais fatores estão atrelados a:

a. – O envelhecimento da população mundial, com o aumento da expectativa de vida;
b. – Aumento do poder de compra e o padrão de vida nos países em desenvolvimento, o que facilita o acesso a tratamentos de
c. vários tipos de doenças;
d. – Melhorias tecnológicas no tratamento de doenças anteriormente intratáveis (MASSEI, ZAIM, et al., 2019).

Nesse contexto, os mercados emergentes como, por exemplo, China, Índia e Japão são as principais áreas de oportunidade para participações comerciais (Biomaterials Market, 2020). Tendo em vista e tomando como base o potencialmente crescente deste mercado, apresenta-se grande interesse de investigações de possibilidades de inovação no campo de biomateriais e de dispositivos médicos. A figura 40 apresenta projeções de crescimento do mercado de biomateriais e seus dispositivos destaques junto a segmentos de consumo (Grand Viewer Research, 2023).

Dentro desse segmento, o mercado de enxertos ósseos sintéticos e de materiais correlatos reflete a grande variedade de materiais disponíveis, que são constantemente revisados minuciosamente em termos de suas indicações e foco clínico disponível em aplicações ortopédicas. Com base nisso, considerando os avanços na pesquisa no segmento, nasce o incentivo para a comercialização de novos modelos de implantes que estimulam o suporte e regeneração óssea. No entanto, mesmo com mercado crescente, ainda é necessário um melhor entendimento da resposta biológica in vivo na interface implante-osso para criar efetivamente um implante dedicado de maneira a atingir a necessidade no qual é destinado (ALGHAMDI e JANSEN, 2020).

Figura 3: Apresentação dos aspectos de crescimento de mercado de biomateriais entre os anos de 2016 com projeção até 2027 (A), considerando as classes de materiais existentes. (B) Apresentação dos principais perfis de biomateriais consumidos, separados por perfil de aplicação.

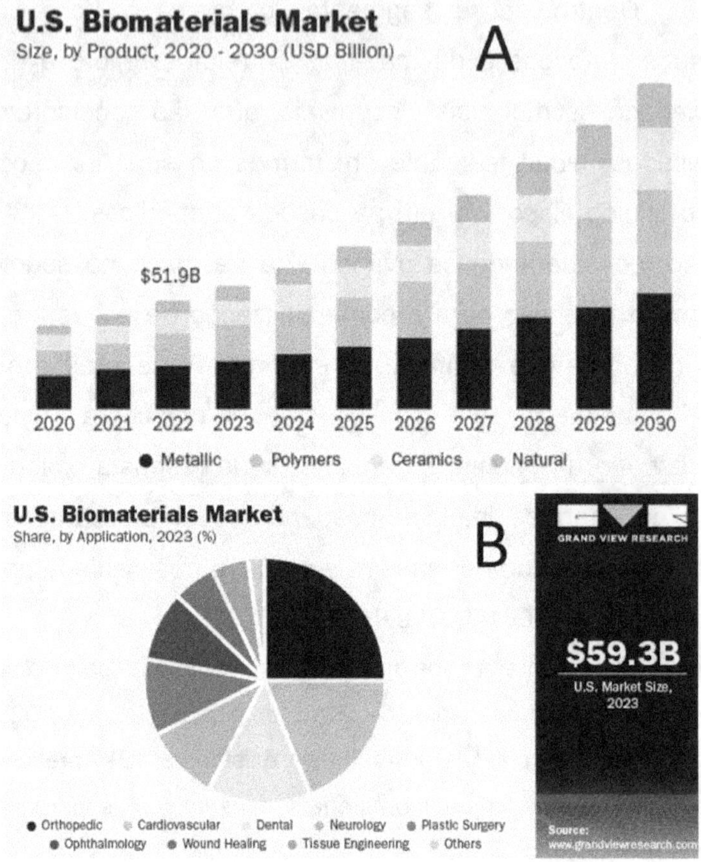

Fonte: (Grand Viewer Research, 2023).

Dentro desse segmento, o mercado de enxertos ósseos sintéticos e de materiais correlatos reflete a grande variedade de materiais disponíveis, que são constantemente revisados minuciosamente em termos de suas indicações e foco clínico disponível em aplicações ortopédicas. Com base nisso, considerando os avanços na pesquisa no segmento, nasce o incentivo para a comercialização de novos modelos de implantes que estimulam o suporte e regeneração óssea. No entanto, mesmo com mercado crescente, ainda é necessário um melhor entendimento da resposta biológica in vivo na interface implante-osso para criar efetivamente um implante dedicado de maneira a atingir a necessidade no qual é destinado (ALGHAMDI e JANSEN, 2020). Em consequência disso, além dos critérios econômicos apresentados, de patenteamento, existe a fundamental necessidade de desenvolvimento de produtos e métodos que atendam inovações disruptivas, gerando eficientes itens patenteáveis e que compreendam atraentes considerações econômicas e de marketing (SHOBEIRI, 2018).

Atualmente, as demandas de pesquisa, desenvolvimento e inovação têm proporcionado o aumento de desenvolvimento de patentes no ramo, principalmente ao que diz respeito aos mercados chineses (Space Net, 2020). A Tabela 7 apresenta de maneira ilustrativa algumas das patentes desenvolvidas entre os anos de 2018 e 2019. Tais patentes apresentam-se como parte do estado da arte do segmento de estudo de biomateriais cerâmicos destinados para atuação em tecidos corporais duros.

Tabela 1: Patente de Material para renovação óssea.

PATENTE	ANO	ORIGEM	TEMA
CN109966546A	2019	China	Material para renovação óssea e seu método de preparação
	A presente invenção fornece um tipo de material de renovação óssea e seu método de preparação. O material de renovação óssea que o método para a presente invenção é preparado possui excelentes propriedades mecânicas e desempenho biológico e, em comparação com o material degradável, que ocorre defeitos de taxa de degradação, o catabolito apresentado influencia a atividade osteoblástica.		

Fonte: Autor

Tabela 2: Patente de bastão cerâmico.

<table>
<tr><th>PATENTE</th><th>ANO</th><th>ORIGEM</th><th>TEMA</th></tr>
<tr><td rowspan="2">CN109867514A</td><td>2019</td><td>China</td><td>Bastão cerâmico a base de óxido de alumínio e de zircônio e seu método de preparação</td></tr>
<tr><td colspan="3">Bastão cerâmico eutético para óxido de alumínio-óxido de zircônio e seu método de preparação. Esse tipo de material não é submetido a transição de fase no ambiente hidrotérmico, ou seja, existe uma excelente resistência ao envelhecimento.</td></tr>
</table>

Fonte: Autor

Tabela 3: Patente de bloco de porcelana.

<table>
<tr><th>PATENTE</th><th>ANO</th><th>ORIGEM</th><th>TEMA</th></tr>
<tr><td rowspan="2">CN110240491A</td><td>2019</td><td>China</td><td>Bloco de porcelana de óxido de zircônio de alta tenacidade</td></tr>
<tr><td colspan="3">A invenção pertence ao campo técnico do material biológico e, em particular, a um tipo de bloco de porcelana de óxido de zircônio de alta tenacidade e seu método de preparação. A proposta técnica específica é: um tipo de bloco de porcelana de óxido de zircônio, por fração de massa, incluindo lântano, óxido de ítrio, SiC e óxido de zircônio.</td></tr>
</table>

Fonte: Autor

Tabela 4: Patente de método de síntese.

PATENTE	ANO	ORIGEM	TEMA
CN110317059A	2019	China	Método de desenvolvimento de blocos de porcelana de óxido de zircônio contendo mecanismo de contração de camadas
	Tecnologia de blocos de porcelana de óxido de zircônio de camadas uniformes contendo mecanismo de contração de camada. Utilizando a solução técnica da presente invenção, é possível obter uma cor natural, com aparência natural.		

Fonte: Autor

Tabela 5: Patente de preparo de implante.

PATENTE	ANO	ORIGEM	TEMA
CN110353835A	2019	China	Método de preparação de implante dentário de construção composta personalizada de implante imediato
	A presente invenção propõe um tipo de implante dentário personalizado para construção composta de implante imediato. A cobertura biocerâmica tem uma estrutura porosa, que favorece a osteogênese e fixação prótese/tecido adjacente. Tem eficácia estrutural, de biocompatibilidade e de propriedades relacionadas com durabilidade.		

Fonte: Autor

Tabela 6: Patente de biocerâmica com modificação e superfície.

PATENTE	ANO	ORIGEM	TEMA
CN110092669A	2019	China	Biocerâmica de a base de óxido de zircônio, com modificação de superfície
	A presente invenção apresenta um método de preparação da biocerâmica de óxido de zircônio com modificação da superfície. Nisto é formado o material base, biocerâmico, com revestimento do agente, que após sinterização se incorpora na base cerâmica.		

Fonte: Autor

Tabela 7: Patente de desenvolvimento de cerâmica dental.

PATENTE	ANO	ORIGEM	TEMA
CN110078500A	2019	China	Método de desenvolvimento de óxido de zircônio dental *"All Ceramic"*
	Método de preparação de material cerâmico a base de óxido de zircônio de uso dental.		

Fonte: Autor

Tabela 8: Patente de pó cerâmico.

PATENTE	ANO	ORIGEM	TEMA
CN109574073A	2019	China	Método de preparação de pó de zircônio de óxido de nanômetro de alta dispersão
	Preparação de pós cerâmicos a base de óxido de zircônio nanômetro de alta dispersão contendo óxido de ítrio. O presente método apresenta excelentes propriedades, tais como particulados esféricos, boa distribuição do diâmetro das partículas, boa dispersão e alta pureza.		

Fonte: Autor

Tabela 9: Patente de cerâmica parcialmente estável.

PATENTE	ANO	ORIGEM	TEMA
RO132713A0	2018	Romênia	Processo para preparar cerâmica de zircônia parcialmente estabilizada com outros óxidos
	A invenção refere-se a um processo para a preparação de materiais cerâmicos biocompatíveis à base de zircônia, parcialmente estabilizados com outros óxidos à temperatura ambiente, obtendo os materiais assim obtendo resistência mecânica, térmica, química e uma durabilidade especial para uso em medicina dentária para fabricação de implantes de porcelana.		

Fonte: Autor

Tabela 10: Patente de síntese de material mono/multifásico.

PATENTE	ANO	ORIGEM	TEMA
US20150376067A1	2018	EUA	Materiais monofásicos e multifásicos à base de zircônia
	Método apresenta mecanismo de síntese de peça cerâmica a base de óxido de zircônia contendo fases tetragonais no range de 70 a 99,9% em volume. A fase tetragonal é quimicamente estabilizada com óxidos de terras raras. As molduras sinterizadas podem ser usadas, por exemplo, no campo médico como implantes ou como próteses dentárias.		

Fonte: Autor

O estudo se apresenta como uma base exemplificativa sobre como pode se estabelecer uma observação sistêmica em um projeto de pesquisa aplicada. Tendo em vista que a frente de produção de novas tecnologias tem o objetivo de gerar novos produtos e serviços aplicáveis a sociedade, tal observação se posiciona como fundamental. E, muito embora a academia seja um dos mais relevantes espaços para desenvolvimento de novas soluções, as discrepâncias entre número de patentes e número de artigos publicados mostra a ineficácia destes espaços enquanto geradores de soluções disruptivas. Em função do número elevado de artigos científicos, estas instituições se estabelecem como ambientes acessórios para produção de produtos, já que outras instituições podem se dessas informações de acesso público para desenvolvimento de seus projetos patenteáveis, ou com a geração de soluções cujo método se mantem em confidencialidade. Por exemplo, a Universidade de São Paulo, no exercício de sua função de geração de capital intelectual para a sociedade, possui a 1078 patentes (Bando de Patentes da Universidade de São Paulo, 2024), distribuídas nas seguintes áreas:

a. Agropecuária (82);
b. Alimentos (64);
c. Energia (57);
d. Máquinas e Equipamentos (102);
e. Materiais (69);
f. Medical (1);
g. Outros (104);
h. Saúde e Cuidados Pessoais (350);
i. Tecnologia Assistiva (11);
j. Tecnologia da Informação e Comunicação (69);
k. Tecnologias Ambientais e Sustentáveis (18).

No entanto, quando comparado com o número de publicações científicas, esse número se torna muito inferior, totalizando 19.552 artigos vigentes em 2022 (Jornal da USP, 2022). Ou seja, no número de produções provenientes da USP, menor que 6% são patentes.

Por isso, essas análises sistêmicas se tornam fundamentais no momento anterior ao processo de desenvolvimento de pesquisas aplicadas no campo de ciências duras, já que traz às pessoas envolvidas uma possibilidade de visualização dos potenciais relacionados a esse processo, não os restringindo somente aos artigos, como massivamente ainda ocorre.

E ainda que tais projetos de pesquisa ocorram de maneira que seus produtos finais sejam aplicáveis ao mercado, nasce nesse momento um novo campo de exploração, que se afasta das realizações experimentais comuns ao campo das ciências duras, e se aproxima aos recursos mercadológicos para impulsionamento apropriado junto aos futuros potenciais clientes. A partir disso nasce a necessidade de compreender como estabelecer tal solução em um campo escalável. Esse tipo de análise pode ser realizado, por exemplo, por meio do
Escala de maturidade tecnológica ou *Technology Readiness Level* (TRL) ou MRL *Manufacturing Readiness Levels* (MRL), quais são os meios mais estrategicamente inteligentes para fomentar esse impulsionamento e quais os parceiros que serão mais vantajosos nesse processo. Ou seja, torna-se necessária uma observação crítica sobre o ecossistema de inovação mais aderente a solução e aos líderes redentores de tais tecnologias.

Os ecossistemas de inovação são espaços (geográficos ou não) que integram a capital humano/tecnológico/financeiro para impulsionar soluções que ainda estão no processo de desenvolvimento, gerando produtos, e serviços que solucionam necessidades do mercado. Dentro dos interagentes mais relevantes em um ecossistema de inovação, encontram-se os abaixo expostos, na Figura 4.

Figura 4: Principais interagentes promotores de ecossistemas de inovação tecnológica.

Fonte: TroposLab, 2023

5. CONCLUSÕES

A observação sistêmica sobre projetos de pesquisa, desenvolvimento e inovação em engenharia de materiais é fundamental no momento do nascimento de uma proposição de estudo. Essa análise permeia aspectos de estudos de estado da arte, de verificação de demandas de mercado e seus crescimentos, de observação das legislações vigentes e dos protagonistas em depósito de patentes relacionadas ao segmento que se objetiva pesquisar.

6. REFERÊNCIAS

ABBOTT, R. D.; KAPLAN, D. L. Engineering Biomaterials for Enhanced Tissue Regeneration. Current Stem Cell Reports, v. 2, p. 140–146, Março 2016. ISSN 2198-7866.

AFZAL, A. Implantable zirconia bioceramics for bone repair and replacement: A chronological review. Materials Express, v. 4, n. 1, p. 0001-0012, 2014. ISSN 2158-5849.

ALGHAMDI, H.; JANSEN, J. Synthetic bone graft substitutes: Calcium-based biomaterials. Materials and Biological Issues, p. 125-157, 2020. ISSN 9780081024799.

ANDERSEN, M. L.; WINTER, L. M. F. Animal models in biological and biomedical research – experimental and ethical concerns. Annals of the Brazilian Academy of Sciences, v. 91, p. 1-14, Setembro 2017. ISSN 1678-2690.

BIOMATERIALS Market. Markets and Markets, 2020. Disponivel em: <https://www.marketsandmarkets.com/Market-Reports/biomaterials-393.html?gclid=Cj0KCQiAs67yBRC7ARIsAF49CdV3zc1W-1ArgWhwe8lkGWsMYvewx6LAgW1cUqwVzbb4HFcxxezC_mQaAnxfEALw_wcB>. Acesso em: 01 Fevereiro 2020.

CALLISTER Jr., William D. Ciência e Engenharia de Materiais: Uma Introdução. 9. ed. Rio de Janeiro: LTC, 2018.

CHOU, S. et al. A Review of Injectable and Implantable Biomaterials for Treatment and Repair of Soft Tissues in Wound Healing. Journal of Nanotechnology, v. 2017, p. 1-17, Junho 2017. ISSN 1687-9511.

DE VRIES, R. M. B. et al. Ethical Aspects of Tissue Engineering: A Review. Tissue Engineering Part B: Reviews, v. 14, n. 4, p. 367-375, Novembro 2008. ISSN 1937-3376.

GHASEMI-MOBARAKEH, L. et al. Key terminology in biomaterials and biocompatibility. Current Opinion in Biomedical Engineering, v. 10, p. 45-50, Junho 2019. ISSN 2468-4511.

GRAINGER, W.; J., K. C. Comprehensive Biomaterials II. 2. ed. [S.l.]: Elsevier, 2017.

GRAND VIEW RESEARCH. US biomaterials market report. Disponível em: https://www.grandviewresearch.com/industry-analysis/us-biomaterials-market-report. Acesso em: 16 jun. 2024.

INTERNATIONAL Standards Organization. Biological evaluation of medical devices - Part 6: Tests for local effects after implantation, 2016. Disponivel em: <https://www.iso.org/standard/44789.html>. Acesso em: 30 Abril 2019.

JEEVANANDAM, J. et al. Review on nanoparticles and nanostructured materials: history, sources, toxicity and regulations. Beilstein J. Nanotechnol, v. 9, p. 1050–1074, Abril 2018. ISSN 2190-4286.

KUMAR, A. A.; GANAPATHY, D.; VISALASKI, R. M. Ceramic dental implants: A review. Drug Invention Today, v. 12, n. 6, 2019. ISSN 0975-7619.

LIORANCAITE, G. PHARMACEUTICALS AND MEDICAL EQUIPMENT GLOBAL INDUSTRY OVERVIEW. EUROMONITOR, Março 2019. 01-55.

MASSEI, M. G. et al. THERMOPLASTIC POLYURETHANE AS BIOMATERIAL - STUDY OF THE MODIFICATION CAUSED BY IONIZING RADIATION. International Nuclear Atlantic Conference - INAC 2019. Santos: [s.n.]. 2019. p. 21-25.

PATEL, N. R.; GOHIL, P. P. Review on Biomaterials: Scope, Applications & Human Anatomy Significance. International Journal of Emerging Technology and Advanced Engineering, v. II, p. 91-101, Abril 2012. ISSN 2250-2459.

PICONI, C. et al. Alumina and zirconia ceramics in joint replacements. Journal of Applied Biomaterials & Biomechanics, Milão, v. 1, p. 19-32, Junho 2003. ISSN 1724-6024.

RATNER, B. D. Biomaterials Science: An Interdisciplinary Endeavor. 3. ed. [S.l.]: Academic Press, Inc., 2013.

REGULARIZAÇÃO de Produtos - Materiais de uso em Saúde. Agencia Nacional de Vigilância Sanitária, 2001. Disponivel em: <http://portal.anvisa.gov.br/registros-e-autorizacoes/produtos-para-a-saude/produtos/classificacao-de-materiais>. Acesso em: 30 Abril 2019.

SHACKELFORD, James F. Introduction to Materials Science for Engineers. 8. ed. Upper Saddle River: Pearson, 2022.

SHOBEIRI, S. A. The Innovation of Medical Devices. The Innovation and Evolution of Medical Devices , p. 13-60, Outubro 2018. ISSN 978-3-319-97073-8.

SPACE Net. SpaceNet, Fevereiro 2020. Disponivel em: <https://worldwide.espacenet.com/>. Acesso em: 01 Fevereiro 2020.

COORDENADORES E COORDENADORAS

ADRIANA SAITO

Bacharel em Criação de Moda pela Faculdades Metropolitanas Unidas (FMU). Pós-graduanda em Gestão da Inovação e Tecnologias pela Descomplica. Especialização em Diversidade e Inclusão pelo Mestre Diversidade Inclusiva (MDI) e Desenvolvimento de Cultura da Inovação pela Anpei.

Email: drickasaito@gmail.com

Linkedin: www.linkedin.com/in/adrisaito

ALEXANDRE CÉSAR RODRIGUES DA SILVA

Engenheiro Eletricista e Professor Universitário, atuando nos cursos de graduação e de pós-graduação (orientador de mestrado e de doutorado) do Departamento de Engenharia Elétrica da Faculdade de Engenharia de Ilha Solteira - UNESP. É Tutor do Grupo PET/MEC Engenharia Elétrica.

Email: alexandre.cr.silva@unesp.br.

CLAUDIO FERNANDO ANDRÉ

Professor e Empreendedor. Especialista em Marketing Digital, Co-Produção de Conteúdo e Lançamento de Cursos Online. Mentor de Estratégias e Negócios de Resultados na Internet. Pós-Doutor em Informática e Doutor em Educação

e-mail: claudiofandre@gmail.com

JORGE COSTA SILVA FILHO

Doutor em Nanociências e Materiais Avançados (UFABC). Mestre em Tecnologia Nuclear em Materiais (IPEN/USP). Bacharel em Engenharia de Materiais e Ciências e Tecnologia (UFABC. Membro da Associação Brasileira de Pesquisadores Negros (ABPN).

E-mail: jorgecsilvaf@gmail.com

LinkedIn: https://www.linkedin.com/in/jorgecsfilho/

Currículo lattes: http://lattes.cnpq.br/4145205906151843

ROGER BORGES

Engenheiro de Materiais e Doutor em Nanociências e Materiais Avançados pela UFABC. Atualmente é professor e pesquisador do Hospital Israelita Albert Einstein. Atua em pesquisas em medicina regenerativa e tratamento de câncer.

E-mail: roger.b@einstein.br

LinkedIn: https://www.linkedin.com/in/rogerborges92/

Currículo lattes: http://lattes.cnpq.br/2105659300846054

OS AUTORES E AUTORAS

ANDSON PEREIRA FERREIRA:

Engenheiro de Minas e Pedagogo. Mestre em Recursos Naturais da Amazônia. Coordenador do Curso de Engenharia Ambiental do Instituto Federal do Pará e professor no mesmo instituto.

E-mail: andson.ferreira@ifpa.edu.br/

Linkedin: https://www.linkedin.com/in/andson-ferreira-4667bb154/

Currículo lattes: http://lattes.cnpq.br/7360816759464936

DIEGO OLIVEIRA GOES

Diego é empreendedor social e gestor de inovação. Economista e especialista em Inovação e UX, possui diversas certificações nas áreas de inovação e desenvolvimento humano. Atua no desenvolvimento de negócios inovadores, da validação à escala.

Email: diego@skillu.tech

Linkedin: https://www.linkedin.com/in/diegoes/

Currículo lattes: http://lattes.cnpq.br/0657423553345213

EDUARDO LOPES DA CRUZ

Mestre em Engenharia Elétrica (UNESP). Pós-graduado em Engenharia de Sistemas (ESAB). Bacharel em Sistemas de Informação (UNIJALES). Docente do Centro Estadual Tecnológico Paula Souza desde 2013 atuando nos cursos de Desenvolvimento de Sistemas e Sistemas para Internet.

E-mail: eduardo.cruz23@etec.sp.gov.br

Currículo lattes: http://lattes.cnpq.br/7192228929115257

ELOANA PATRÍCIA RIBEIRO DE OLIVEIRA

Doutorado em Tecnologia Nuclear - Materiais (IPEN/USP). Mestrado em Nanociências e Materiais Avançados (UFABC) e MBA em Gestão e Engenharia da Qualidade (USP). Bacharel em Ciência e Tecnologia e Engenharia de Materiais (UFABC).

E-mail: eloana.ribeiro@gmail.com

Linkedin:https://br.linkedin.com/in/eloana-patr%C3%ADcia-ribeiro-de-oliveira-32849b99

Currículo lattes: http://lattes.cnpq.br/9541021984469800

GILSON PEDRO LOPES

Mestre em Nanociências e Materiais Avançados (2022), graduação em Engenharia de Materiais (2019) e Bacharelado de Ciência & Tecnologia (2016) pela UFABC. Atualmente doutorando em Nanociências e Materiais Avançados também pela UFABC.

Email: gilsonsoh@gmail.com / curriculo lattes: http://lattes.cnpq.br/9995743925340791

JULIO CARVALHO DE PAIVA

Mestre em Biotecnociência, Engenheiro Biomédico e de Materiais, bacharel em Ciência & Tecnologia. Atua com inovação aberta para promoção de novas tecnologias, com enfoque na eficiência dos recursos de tripla hélice.

E-mail: julio.carvalhopaiva@gmail.com

LinkedIn: https://www.linkedin.com/in/juliocarvalhodepaiva

Currículo lattes: http://lattes.cnpq.br/7469822882342010

LETICIA EMILY DE OLIVEIRA GOULART:

Graduada em Sistemas de Informação pela Universidade do Estado de Mato Grosso. Atualmente, analista de processos e qualidade no Sicredi, com experiência em desenvolvimento de RPA, Workflow e Infraestrutura de TI.

E-mail: oleticiaemily@gmail.com

LinkedIn: https://www.linkedin.com/in/leticia-oliveira-a19a21198/

Currículo lattes: http://lattes.cnpq.br/5393315045858533

MAICON APARECIDO SARTIN:

Professor adjunto da Universidade do Estado de Mato Grosso (UNEMAT). Possui graduação em Engenharia da Computação, mestrado em Ciência da Computação e doutorado em Engenharia Elétrica.

Email: mapsartin@unemat.br

Curriculo lattes: http://lattes.cnpq.br/7738373302691883

MÁRIO HENRIQUE DE GAMA E SILVA

Estudante de Engenharia Elétrica na UNESP de Ilha Solteira. Interesse por robótica, automação e máquinas. Designer. Já trabalhou com mídia indoor, quiosques interativos, webdesign e outros projetos multimídia. Bolsista COPE-Conecta/UNESP.

E-mail: mario.henrique@unesp.br

Linkedin: https://www.linkedin.com/in/linkmariohenrique/

MÁRCIA TSUYAMA ESCOTE

Possui graduação, mestrado e doutorado em Física pela USP. Professora Associada na UFABC, atuando em Engenharia de Materiais. Experiência em Física da Matéria Condensada, focada em óxidos multicomponentes e nanoestruturados.

E-mail: marcia.escote@ufabc.edu.br

Currículo lattes: http://lattes.cnpq.br/6104324016617272

TALES NEREU BOGONI

Professor Adjunto da Universidade do Estado de Mato Grosso.

E-mail: tales@unemat.br

Currículo lattes: http://lattes.cnpq.br/6813786273390182

THAYS DE SOUZA JOÃO LUIZ

Engenheira de Minas e Engenheira Ambiental. Mestre em Engenharia Mineral e Doutora em Engenharia Mineral, Metalurgia e Materiais. Professora substituta na Universidade Federal de Catalão.

E-mail: thays.luiz@ufcat.edu.br/

Linkedin: https://www.linkedin.com/in/thays-de-souza-luiz-a27b9b23/.

Currículo lattes: http://lattes.cnpq.br/126773435144523

VLÁDIA CRISTINA GONÇALVES DE SOUZA

Engenheira de Minas, Mestre e Doutora em Engenharia Mineral, Metalurgia e Materiais. Professora na Universidade Federal do Rio Grande do Sul.

E-mail: vladia.souza@ufcat.ufrgs.br/

Linkedin: https://www.linkedin.com/in/vladia-souza-4646b628b/.

Currículo lattes: http://lattes.cnpq.br/1267734351445233

www.ingramcontent.com/pod-product-compliance
Lightning Source LLC
Chambersburg PA
CBHW071910210526
45479CB00002B/360
* 9 7 9 8 3 3 5 2 2 1 8 8 7 *